全国旅游专业教材

中国茶艺基础教程（第3版）

主　编◎李　捷
副主编◎胡夏青　高　莉

U0241706

北京·旅游教育出版社

主编：李捷

副主编：胡夏青、高莉

参编：殷莺

审稿：高坊洪

摄影：陈旭东、姜旺杰

礼仪演示：张素贞、彭美娟、马学文

泡茶手法演示：徐萌萌

绿茶冲泡演示：李霜

黄茶冲泡演示：程芬

黑茶冲泡演示：徐萌萌

白茶冲泡演示：张素贞

乌龙茶冲泡演示：彭美娟

红茶冲泡演示：沈芙蓉

在研究基础上编撰个性化茶艺教材

余 悦

中国茶文化著作虽然并非汗牛充栋，却也蔚为大观。据不完全统计，数量达万种以上，其中，教材占有相当大的比例。茶文化一代又一代的传播与传承，教材承担着重要的使命，发挥了不可替代的作用。

在茶文化学术史、著述史、教育史上，教材都具有极其重要的地位与价值。唐代陆羽的《茶经》，被公认为是中国第一本、也是世界第一本茶书。作者在书中"十之图"开宗明义地告示："以绢素或四幅或六幅，分布写之，陈诸座隅，则茶之源、之具、之造、之器、之煮、之饮、之事、之出、之略，目击而存，于是《茶经》之始终备焉。"如此看来，《茶经》是以教学挂图的形式、通俗易懂的内容，传授茶文化知识与技能。虽然由于采用文言文写作，使用白话文的当代读者觉得艰深。其实，在唐代，陆羽笔法富有文学性的描写、汇集众多历代的逸事，使这本茶书成为雅俗共赏的传世之作，同时也是内容翔实的实用教材。正因为如此，陆羽的《茶经》历经一千二百多年，依然成为习茶者的必读书，也是风行国内外的常销书。

陆羽的《茶经》仅仅七千余字，并非一蹴而就写成，而是经过了二十来年的深入探讨与精心写作。有的人甚至认为，《茶经》从孕育到付梓，大约从唐代天宝八年至建中元年，即公元 749~780 年，长达 31 年。究其原因，《茶经》是具有开创性质的茶书，是不断研究充实的著作，也是反复修改的佳作。

陆羽这种科学严谨的学术精神与一丝不苟的写作态度，被后世继承与发扬。"当代茶圣"吴觉农先生主编的《茶经述评》，从 1979 年开始撰写，到 1984 年成篇，历时 5 年，数易其稿，方始完成。这本茶书出版 37 年来，已经成为茶界人员的案头必备之作。茶学家、茶业教育家、制茶专家陈椽教授，是中国现代高等茶学教育事业的创始人之一，为国家培养了大批茶学科技人才。1979 年，陈椽教授主编的"全国高等农业院校教材"《制茶学》问世。针对茶叶分类的纷繁，这本教材以茶叶变色理论为基础，提出了新的茶叶分类法。这种新的分类法，系统地把茶叶分为绿茶、黄茶、黑茶、白茶、青茶和红茶六大茶类，既体现了茶叶制法的系统性，又体现了茶叶品质的系统性。建立与应用六大茶类的科学分类法，现在茶界已经习以为常，不足为奇。但是，却对我国的茶叶教育、科研及生产流通产生了重大影响，而且迅速传播到国外，得到了国外学者的高度评价。《制茶学》教材的不断完善，是陈椽教授数十年不断探索的结果。早在 1942 年，陈椽先生就撰写了《茶作学讲义》，随后出版了《茶叶制造学与制茶管理》（1949~1950 年）、主编了"全国高等农业院校试用教材"《制茶学》（1961 年 1 版，1966 年 2 版）。特别是 1979 年撰写了《茶叶分类理论与实践》一文，全面分析了当时茶叶分类法的状况，提出了新的分类法，并把这种分类法写入教材。然而，陈椽教授的求索并未止步，而是继续深入，1985 年主编出版了《制茶技术理论》，1988 年又将《制茶学》修订再版。正是其近 50 年的不断研究，使制茶理论不断深化，也使《制茶学》不断升华。

如今，这种治学精神与风尚，也传承到新一代学人身上。李捷主编的《中国茶艺基础教程》（第 3 版），就体现出令人欣喜的学术气象。李捷从事教育工作 18 年，早已关注到院校茶艺人才培养与职业岗位需求不太吻合、校企资源互补优势未能完全体现和利用的问题。她针对性地申报并主持完成了江西省高校教改课题《高职院校茶艺课程"校企互嵌式"教学模式研究与实践》。为此，课题组成立了多个校企互嵌式"双元结构"教师小组，调研了解了在高职院校茶艺课程开展"校企互嵌式"教学模式的需求并形成专题报告，且确定了多个"校企互嵌式"茶艺教学实训基地。在此基础上，课题组制订教学计划，探索"岗课赛证"四位一体融通模式，开发项目化"理实一体"教学内容，编写课程讲义及教材。而后，选择试点班级，进行"校企互嵌式"教学模式的教学，培养一批与企业无缝对接的茶艺技能学生。通过赛事和企业实践检验证明，试点达到了提升基础茶艺课程技术含量，形成了灵活多样的育人模式，进一步提高了茶艺技能人才培养的针对性和适应性的预期效果。

李捷及其团队的研究，并非是纯理论研究，而是根据职业技能大学的办学定位与实际需要，针对教学实践存在的问题与薄弱环节，切实从学生急需提升的综合素质与专业技能出发，并且把课堂教学、职业生涯、技能大赛、企业实习、经验积累、未来发展等方面有机结合起来，形成了自身风格独特的研究方向与方式。在这项课题前后，李捷还主持过1项国家级课题、2项省部级科研课题、1项横向课题，参与过多项省部级项目研究，都体现了这种研究特点。她发表的10余篇论文，如《高职旅游专业开设茶艺课程需求调研报告》《在高职旅游专业开设的茶艺课程实施效果分析》《谈在餐旅专业茶艺课程创设情境认知教学模式》《基于体验视角的茶文化旅游开发策略探究》等，也都是其研究追求的一脉相承。正是在其长期坚持研究并取得相应成果的基础上，在"校企互嵌式"教学、"岗课赛证"融通模式试点成功之际，在2013年出版、2017年再版的基础上，李捷主编的《中国茶艺基础教程》又进行第三次修改，以新的面貌呈现于茶文化教育领域。

《中国茶艺基础教程》（第3版）针对学生茶文化知识与技能的需要，设计了12项任务，即茶艺师职业道德与茶艺礼仪、茶文化基本知识、茶叶知识、品茗用水及科学饮茶、茶具知识及茶具选配、泡茶器具与泡茶手法、绿茶冲泡基本技艺、黄茶冲泡基本技艺、黑茶冲泡基本技艺、白茶冲泡基本技艺、乌龙茶冲泡基本技艺、红茶冲泡基本技艺，并附有"冲泡技法演示"视频文件及"茶叶欣赏"图片。在这12项任务中，都分别有课堂任务、企业实践任务、茶文欣赏，把知识与技能、学习与实践、职业与运用有机地融为一体。

教材的修改提高，之所以能够达到预定的目标，自然是研究成果丰硕的体现。而研究之所以能够如此圆满，是多方合力形成的结晶。

研究的成功，是由于团队力量的发挥。"校企互嵌式"教学模式的研究与实验，涉及主持人、教师、学生、学校、企业，这些都是参与者与关系成功的各方面。而且，在全过程中，需要各方的理解、合作与调整，尤其是教学与研究团队的齐心协力。"校企互嵌式"教学模式中，研究团队把学生分为实验班、对照班，前者按照"校企互嵌式"教学，后者依照原来的教学要求。经过三个学期的实验，"校企互嵌式"教学模式的效果显现出来。随后，研究数据的采集，教材编撰时的写作、表演、拍摄，无不体现出团队的凝聚力与向心力。

研究的成功，是由于院校支持的力度。作为肇始于1902年、有着一百多年办学历史的九江职业大学，承续了千年书院的文脉和底蕴，是教育部批准的公办全日制市属高等职业院校，也是江西省示范性的综合性高等职业院校、全省高校就业评估优秀单位，还是国家级服务产业发展能力立项建设专业院校、全国双新人才计划培训基地、新华网"2013年中国最具影响力职业院校"。

学校不仅以坐落于庐山北麓，靠江临湖，山水交融，环境优美而著称，更以整体办学水平处于前列、形成了自身的品牌与亮点而闻名。学校贯彻"重品行、宽知识、厚基础、强技能"的人才培养理念，主张"职业资格与培养目标融合，职业能力与课程体系融合，知识教学与技能训练融合"的教学创新，对于符合发展要求的茶文化与茶艺专业的设立，对于"校企互嵌式"教学模式的研究与实验，都给予全方位的关心和支持。而学校的文化旅游学院，更是把这种关爱与帮助逐一落到实处。

当然，研究的成功也离不开主持人、领衔者的努力，这是其个人品格、能力与水平的综合体现。李捷作为有18年教龄的副教授，进入茶领域的教学已达15年，是"中华优秀茶教师"、江西省高级"双师型"教师，也是江西省职业技能鉴定专家委员会茶叶类专业委员会专家、九江市李捷茶艺技能大师工作室领办人，还被授予九江市"三八"红旗手。一系列的荣誉，表明李捷作为茶文化杰出人才所取得的成绩得到了社会的公认。她是茶文化活动的积极参与者，曾多次担任全国职业院校中华茶艺大赛裁判员、全国职业院校技能大赛（中职组）手工制茶赛项专家组成员等。她是学生的良师益友，带领学生参加过首届国际茶叶博览会（杭州）、"茶叶之路"国际文化旅游节（二连浩特）、中国（南昌）国际茶业博览会等国际性活动，以及中华茶奥会竞技、首届"婺源绿茶杯"茶艺技能表演大赛等，多次获得一等奖和其他奖项。她还是乡村脱贫、乡村振兴的积极投入者，2014~2021年，她带领学生连续七年协助九江市、庐山市政府举办九江国际名茶名泉节、庐山问茶会活动，进行茶叶冲泡、茶席展示、茶艺表演；带领学生参加"无锡首届惠山茶会""江西首届茶文化茶艺巡演""江西省第二届科技成果展"，进行茶艺演示、庐山云雾茶品牌推广和茶事宣传；共协助九江各茶叶企业赴全国各地茶叶展销会参展100余场次，并用微信为九江茶企、茶人、茶事进行推广；还参与"给外国人讲中国乡村故事"项目，指导学生共接待9批共计2400名外国游客参观体验九江乡村文化，推广庐山云雾茶。这些出色的工作与实践活动，既展示了李捷的才干，又拓宽了她的视野，也为茶文化研究和教材修改积累了素材与成功案例。

虽与李捷相识多年，在多次全国活动时见面，她还曾到我主持的茶文化高级研修班学习，但因各自忙于工作，又在南昌、九江两地，交流、交往的时间毕竟有限，对她的水平、能力与工作也就知之甚少。一切改变发生在五年前，当时，我再次主持茶文化高级研修班，来自全国的多位教授、博士、中华优秀茶教师前来参加学习。而且，为了发现与培养江西本土具有发展潜质和后劲的茶文化高级人才，我有意识地邀请了一些年轻的茶文化教师讲授课程，李捷也是其中之一。她讲课时，思考深刻、思路缜密、资料丰富、讲解清晰，娓娓道来，得心应手，受到学员的热烈欢迎，被给予高度评价。而我也由此知晓李捷讲课的特色与水平。2018 年以来，我主持国家职业技能等级认定培训教程《茶艺师》（全套 5 本）的撰写，随后又主持茶艺师职业技能鉴定国家题库编写，都邀请李捷参加。经过国家、江西省人社部门的审查批准，李捷担任了两项工作的专家。在国家教程《茶艺师》撰稿中，李捷既是全套教材的编写者之一，又是《茶艺师》（中级技能）一书的副主编，协助我做了大量策划、协调、修改、统稿的事务。为了使茶艺技能的每一个细节更为精准，各个级别之间的知识与技能衔接更为协调，李捷多次从九江开车专程来南昌和撰稿组的其他专家研究、交流。而茶艺师职业技能鉴定国家题库的编写，李捷倾注了大量时间与精力，一道题一道题地仔细推敲，终于使题库通过了国家验收，顺利入库。虽然教材与题库都是集体智慧与努力的结晶，但李捷不负众望，积极奉献，发挥了应有的作用，她勇担重任、一丝不苟的敬业精神给大家留下了深刻印象。如今，李捷率领团队把研究与教学、教材结合起来，取得了新的成果，让我们再一次看到了她勇于开拓、不断创新的风尚。

　　李捷团队的探索，具有重要的现实意义。作为高等院校，教书育人是宗旨与责任。而要教书育人，就要有高水平的教学与高质量的教材。教学和教材要与时俱进，具有前瞻性与引领性，才能达到培养优秀人才的目标。而具有创意、创新、创造的教学与教材，只能是掌握知识后的思考、精进技能后的提升，也就是经过去粗取精、去伪存真的研究才能够获得。但是，有的从教人员却把研究与教学对立起来，认为研究会影响教学，这是一种误解。研究教学的内容、方法，正是对教学的完善与促进。如果没有对于知识与技能的吸收，没有自己的消化与融会贯通，没有通过研究有自身的思考与领悟，那么，只能是人云亦云、照本宣科，又怎么能够培养与造就创新的人才队伍？还有另一种情况，就是把研究与教学分离开来，甚至完全割裂与对立，认为研究是研究、教学是教学，两者互不相干。这同样是不可取的。其实，从中国茶文化史、茶艺史来看，研究与教学从来就是相辅相成、相得益彰的。盛名如陆羽者，当他像常伯熊一样演绎茶艺，被鄙视；而经过研究写作《茶经》，并且作为教学挂图，则流传千古，其他被尊崇为"茶圣"。从中，我们难道不应该受到启发吗？

"纸上得来终觉浅，绝知此事要躬行。"

当然，不同的学科、不同的岗位，对于研究是有不同要求的。既要有基础理论研究，也要有运用研究。作为职业技能型的高等院校，其研究的方向自然与学校定位密切相关，既要有知识的研究，也要有技能的研究；既要有教学的研究，也要有教材的研究。李捷及其团队《中国茶艺基础教程》（第 3 版）的出版，正是坚持研究与教学、教材完美融合的成果，也是今后应该锲而不舍的前行之路。李捷及其团队成员都很年轻，朝气蓬勃，充满着热情、激情，具有无限成长的可能。一本教材的出版，只是事业的一项累积，人生的一次历练。在今后的历程中，李捷及其团队一定会发挥严谨求实的治学精神，具有更多蕴涵研究新体会、新发现成果的创新之作。对此，我们热切期盼与充满信心！

《中国茶艺基础教程》（第 3 版）出版，索序于我。翻读再三，拖延良久，写下粗浅的感想，一表祝贺，一寄期盼，希望学界有更多不同层次、适应不同要求的具有研究水准的优秀教材问世！

是为序。

2021 年 12 月 6 日
于洪都旷达斋

（余悦，著名茶文化专家，国家二级研究员，江西省社会科学院首席研究员，中国茶文化重点学科带头人，中国民俗学会茶艺研究专业委员会主任，万里茶道（中国）协作体副主席、茶艺国际传播中心主任，《茶艺师国家职业技能标准》编制专家组组长、总主笔，国家职业技能等级认定教程《茶艺师》主编，茶艺师国家职业技能鉴定题库编写专家组组长、首席专家，江西省民俗与文化遗产学会会长，享受国务院政府特殊津贴专家。）

前言

　　本教程基于高职院校茶艺课程"校企互嵌式"教学模式研究与实践，依托校内外两个课堂，参照《茶艺师国家职业技能标准（4-03-02-07）》（2018版）、《茶艺职业技能竞赛技术规程》（T/CTSS 3-2019）、《2019年全国职业院校技能大赛（中国传统技艺邀请赛）赛项规程》、《第一届全国技能大赛茶艺（国赛精选）项目技术工作文件》等相关竞赛规程和企业岗位需求，构建"岗课赛证"四位一体课程，明确素质目标、知识目标和能力目标，力求根据职业岗位明确每个项目的目标要求、考核标准。

　　本教程结构上针对茶艺师职业活动的要求，按照模块化的方式，分为茶叶基础知识和茶艺基本技能两部分。入门学测、茶艺师职业道德与茶艺礼仪、茶文化基础知识、茶叶知识、绿茶冲泡基本技艺由李捷编写；品茗用水及科学饮茶、茶具知识及茶具选配由胡夏青编写；泡茶器具与泡茶手法、黄茶冲泡基本技艺、黑茶冲泡基本技艺、白茶冲泡基本技艺由高莉编写；乌龙茶冲泡基本技艺、红茶冲泡基本技艺由殷莺编写。在学习上循序渐进，旨在突出工作技能的实用性和可操作性，力求培养学生的职业能力和综合素质，为进入酒店、茶馆、旅游等服务行业教学实习做好准备。

　　《中国茶艺基础教程》适用于茶艺与茶文化专业、旅游专业、酒店专业、空乘专业、高铁专业、海乘专业学生，初、中级茶艺师及茶艺爱好者学习使用。

　　本书在编写过程中得到了九江市茶叶协会、九江市濂溪区茶叶协会、九江市庐山绿丰茶叶有限公司、九江市东林雨露现代农业公司、江西燕山青茶业有限公司、庐山市七尖云雾茶有限公司、九江市濂溪区碧绿茶叶专业合作社、江西海庐云雾茶有限公司、江西省宁红有限责任公司、九江濂溪饮食文化传播有限公司、匡庐茶社、知止茶舍等单位的大力支持与协助，在此一并表示衷心感谢。

　　由于时间仓促，不足之处在所难免，欢迎读者提出宝贵意见和建议。

编者
2021年11月

目录

你喜欢茶吗？你了解茶吗？

入门学测——下面有 15 个问题，你能答出来吗?

1. 中国利用茶的历史有多少年?

2. 茶树的原产地在哪里?

3. 中国的"茶圣"指的是谁，他的代表作是什么?

4. 宋徽宗赵佶写了哪部茶书?

5. 朱元璋对中国茶业发展有什么重大贡献?

6. 中国茶叶可以分为哪 6 大基本茶类?

7. Black tea 是黑茶吗?

8. 影响茶叶苦涩味和鲜味的重要成分是什么?

9. 你知道什么是明前茶，什么是雨前茶吗?

10. 喝茶用什么水最好呢?

11. 泡茶用的水一定要烧沸到 100℃吗?

12. 家庭喝茶，茶叶必须放在冰箱保管吗?

13. 喝茶会醉吗?

14. 冠心病患者可以饮茶吗?

15. 你知道江西省"四绿一红"是指哪 5 种茶叶吗?

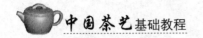

识图作答——看看下面几张图，你认识它们吗？

图1

图2

图3

图 4

图 5

图 6

图 7

图 8

你准备好了吗——茶、水、器、火、境、人彼此共生，缺一不可，但不是有好茶、好水，使用一把名壶，处于高档的环境中就可以泡出一壶好茶。什么叫好茶？好茶就是要将茶的色、香、味、韵表现得淋漓尽致，让冲泡者和品饮者身心愉悦。欲学好茶，必须先筑好双基，所谓双基即茶叶及其相关基础知识和茶艺基本技能。然后再以茶文化贯穿，这样才能开始领略到茶的风韵。下面就让我们走进茶的世界。

答案揭晓：图 1 盖碗、壶承；图 2 紫砂壶、壶承；图 3 煮水器；图 4 品茗杯；图 5 瓷壶、品茗杯、茶盘（奉茶盘）、盖置；图 6 茶碗、壶承、茶勺、勺托、茶筷、筷架、品茗杯、杯托、茶席；图 7 山路盆、绢巾、茶碗、茶勺、茶筅、茶巾、薄茶盒；图 8 电陶炉、茶盘、玻璃提梁壶、玻璃水盂、玻璃杯、玻璃杯托、茶道组、玻璃茶叶罐、茶荷、茶巾。

任务 1

茶艺师职业道德与茶艺礼仪

素质目标

1. 培养学生具备茶艺师的基本职业素养。
2. 培养学生具有良好的语言表达能力、人际交往能力。
3. 培养学生规范自我行为的意识和习惯。

知识目标

1. 茶艺师服饰、佩饰基础知识。
2. 茶艺师容貌修饰、手部护理常识。
3. 茶艺师发型、头饰常识。
4. 茶事服务形体礼仪基本知识。
5. 普通话、迎宾敬语基本知识。

能力目标

1. 能按照茶事服务礼仪要求进行着装、佩戴饰物。
2. 能按照茶事服务礼仪要求修饰面部、手部。
3. 能按照茶事服务礼仪要求修整发型、选择头饰。
4. 能按照茶事服务礼仪要求规范站姿、坐姿、走姿、蹲姿。
5. 能使用普通话与敬语迎宾。

课堂任务 1　茶艺师职业道德

茶道是茶文化的核心，也是我们品茶时想要追求的终极目标，正如孔子所说："志于道，据于德，依于仁，游于艺"。这是儒家进德修业之道，也是茶道修行之法。

一、茶艺师的层次

《中华人民共和国职业分类大典》（2015 年版）规定："茶艺师是指在茶室、茶楼等场所，展示茶水冲泡流程和技巧，以及传播品茶知识的人员。"

"茶艺"一词最早出现是在 1940 年，胡浩川先生为《中外茶业艺文志》（傅宏镇编著）所作的序里有语"津梁茶艺，其大裨助乎吾人者。""今之有志茶艺者，每苦阅读凭藉之太少。"胡先生所说的"茶艺"是指包括茶树种植、茶叶加工、茶叶品评在内的广义"茶艺"的概念。在本书中提到的"茶艺"是狭义的茶艺，是指如何泡好一杯茶的技艺和如何享受一杯茶的艺术。

一名合格的茶艺师分为两个层次：

第一层次：泡茶者对茶的自然属性有较深的理解，冲泡技艺高超，把茶的物质属性发挥得非常好，可以表达出茶的真本味，但尚未领悟茶的精神内涵。

第二层次：泡茶者已经领悟了茶的真谛，与茶、器、自然有了心灵上的交流，并注入了自己的思想感情，由懂茶性、顺茶性进而驾驭茶性，茶与人融会贯通。品茶者在这一层面上开始感受到精神的愉悦。习茶至此，才开始对茶道有所领悟。

茶艺师的不同层次犹如书法爱好者与书法家的区别：有人汲汲于笔墨间，勤奋练习，模仿各大书法家作品，却无自己的风格特色，仅是书法爱好者而已；而书法家有传世佳品不仅是因为他们技法高超，更因为其作品倾注了深邃的个人情感。

二、茶艺师职业道德

茶艺师职业道德是指茶艺师在职业活动中应遵循的，能体现职业特征和调整职业关系的职业行为准则和规范，是评价茶艺从业人员职业行为的总准则。其作用是调整茶艺师与顾客间的关系，树立热情友好、诚实守信、忠于职守、文明礼貌、为顾客着想的服务理念和作风。在长期的茶艺工作实践中，逐步形成了茶艺职业道德观念、职业良心和职业自豪感等茶艺师需具备的职业道德品质。

（一）遵守茶艺师职业道德的必要性和作用

（1）遵守茶艺师职业道德有利于提高茶艺师的道德素质、修养。具备良好的职业道德素质和修养能够激发茶艺师的工作热情和责任感，使茶艺师努力钻研业务，热情待客，俗话有"茶品即人品，人品即茶品"之说。

（2）遵守茶艺师职业道德有利于形成茶艺行业良好的职业道德风尚。加强茶艺师的职业道德教育，使全体茶艺从业人员遵守茶艺师职业道德，促使茶艺行业形成良好的职业道德风尚。

（3）遵守茶艺师职业道德有利于促进茶艺事业的发展。遵守茶艺师职业道德能提高茶艺师的工作效率，提高经济效益，从而促进茶艺事业的发展。

（二）茶艺师职业道德的基本准则

（1）遵守茶艺师职业道德原则。茶艺师职业道德原则是指在职业活动中最根本的职业道德规范，是茶艺师进行职业活动的指导思想，也是对茶艺师职业行为进行职业道德评价的基本标准。茶艺师职业道德原则也是茶艺师进行茶艺活动动机的体现，如果一个人从茶艺活动全局利益出发，另一个人从自己利益出发，虽然都遵守了规章制度，但贯穿他们行动中的动机不同，体现的道德价值也不一样。

（2）热爱茶艺工作。热爱本职工作，是茶艺师职业道德的基本要求。茶艺工作体现的社会价值，一是使客人品到香茗，二是使客人增长了茶艺知识，三是向客人传播了中华民族传统茶文化。

（3）不断改善服务态度，进一步提高服务质量。茶艺师应具备认真负责、积极主动的服务态度。服务态度是指茶艺师在接待品茶对象时所持的态度，包括心理状态、面部表情、形体动作、语言表达和服饰打扮等。服务质量是指茶艺师在为品茶对象提供服务的过程中所应达到的要求，包括服务的准备工作、品茗环境的布置、操作的技巧和工作效率等。

在茶艺服务中，服务态度和服务质量具有特别重要的意义。一是因为茶艺服务是一种面对面的服务，茶艺师与品茶对象直接进行情感交流和互动；二是因为茶艺服务对象是一些追求较高生活品质的人，特别需要人格的尊重和生活方面的关心、照料；三是因为茶艺服务的产品往往是在提供的过程中就被宾客享用了，所以要求一次性达标。

（三）培养茶艺师职业道德的途径

（1）积极参加社会实践，做到理论联系实际，在茶事服务中时刻以茶艺师职业道德规范约束自己。茶艺师要以茶德为基础，密切联系当前的社会实际、茶事活动实际和自己的思想实际，加强道德修养。只有在茶事活动中时刻以茶艺师职业道德规范来约束自己，才能逐步养成良好的茶艺师职业道德品质。

（2）强化道德意识，提高道德修养。茶艺师应该认识到茶艺职业的崇高意义，并把它转化为高度的责任心和义务感。时刻注意自己的言行，促进自己心理品质的完美，使自己的言行符合茶艺师职业道德规范。

（3）开展道德评价，检点自己的言行，正确开展批评与自我批评。正确开展批评与自我批评既可以使茶艺师之间相互监督和帮助，又可以促进个人道德品质的提高。

（4）努力做到"慎独"，提高精神境界。在无人监督的便利条件下，具有自觉遵守道德规范，不做坏事的自制力。

"慎独"出自《礼记中庸》："道也者，不可须臾离也；可离，非道也。是故君子戒慎乎其所不睹，恐惧乎其所不闻。莫见乎隐，莫显乎微，故君子慎其独也。"意思是：道，是不可分离的，分离开来的东西就不是道了。所以，君子在别人看不见的时候也常警惕、谨慎，在别人听不到的时候也常唯恐有失，没有比隐蔽处所做的事更能够体现一个人的德行了，没有比在细微处所想到的念头更能显示出一个人的善恶，所以君子在独处时，更要谨慎自己的言行。

茶艺师应自重自爱，时刻按照茶艺师职业道德的原则和规范严格要求自己，对工作尽职尽责，努力成为具有高尚品德的茶艺师。

三、茶艺师职业守则

茶艺师职业守则，是茶艺师职业道德的基本要求在茶事服务活动中的具体体现，既是每名茶艺师在茶事服务活动中必须遵循的行为准则，又是人们评判每名茶艺师职业道德行为的标准。

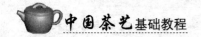

（一）热爱专业，忠于职守

只有对茶艺师工作充满热爱，才能积极、主动、创造性地去工作。茶艺师要认识到茶艺工作的价值，了解本工作的岗位职责、要求，高水平地完成茶艺服务任务。

（二）遵纪守法，文明经营

茶艺工作中要遵守职业纪律。职业纪律是指茶艺师在茶艺服务活动中必须遵守的行为准则，它是正常进行茶艺服务活动和履行职业守则的保证。茶艺师要严格遵守各项规章制度，要在维护品茶宾客利益的基础上方便宾客、服务宾客，为宾客排忧解难，做到文明经营。

（三）礼貌待客，热情服务

礼貌待客、热情服务可以体现出茶艺师对工作的积极态度和对他人的尊重。

（1）文明用语，和气待客。文明用语是通过外在形式表现出来的，如说话的语气、表情、声调等。因此，茶艺师在与品茶宾客交流时语气要平和、态度要和蔼。

（2）整洁的仪容、仪表，端庄的仪态。对于茶艺师来说，整洁的仪容、仪表，端庄的仪态不仅是个人修养问题，也是服务态度和服务质量的一部分，更是职业道德规范的重要内容和要求。茶艺师精神饱满、全神贯注的工作状态，会带给品茶宾客认真负责、可以信赖的感觉，整洁的仪容、仪表，端庄的仪态体现出茶艺师对宾客的尊重和对本行业的热爱，给品茶的客人留下一个美好的印象。

（3）尽心尽职，态度热情。茶艺师应在茶艺服务中充分发挥主观能动性，尽自己最大的努力，处处为品茶客人着想，使他们体验到标准化、程序化、制度化和规范化的茶事服务。

（四）真诚守信，一丝不苟

只有做到真诚守信，茶艺师才能树立起自己的信誉，得到品茶者的尊重，树立起值得他人信赖的道德形象。

（五）钻研业务，精益求精

这是对茶艺师在业务上的要求，学好茶叶及其相关基础知识和茶艺基本技能有两条途径：一是从书本中学习，二是向周围人学习，从而积累丰富的业务知识，提高技能水平。另外，茶艺师还应具有"工匠精神"，在茶事服务中做到精益求精。

课堂任务 2　茶艺礼仪

中国是礼仪之邦，礼仪是中国人立身处世的根本，孔子曰："不学礼，无以立"。

茶艺礼仪是指在茶事服务过程中应该遵从的礼节和仪式，是思想道德水平、文化修养、交际能力的外在表现，具有尊重、约束、教育、调节的作用，是茶事服务的重要组成部分，贯穿茶事活动的整个过程。语言、行为表情、服饰是构成礼仪的三大最基本要素。其本质是"诚"，核心是互相尊重、互相谦让，最高境界是"和"。长久的修习有益于养成茶艺师优雅得体的举止、文明有礼的言谈、恬淡平和的风度。

一、仪容

仪容，通常是指人的外观、外貌。茶艺师仪容要做到自然美、修饰美和内在美的结合。

（一）干净的面部

（1）有眼疾时自觉回避茶事活动，眼部分泌物要及时清除。

（2）注意清理耳孔中的分泌物，及时清理过长的耳毛。

（3）注意保持鼻腔卫生，不要当客人面吸鼻子、擤鼻涕、挖鼻孔等，及时清理过长鼻毛。

（4）保持牙齿洁白，口腔无异味，无食品残留物，茶事服务前忌食烟、酒、韭菜、大蒜、香菜、榴梿等气味较重的食物；不要当客人面发出异响，如咳嗽、哈欠、喷嚏、清嗓、打嗝、吐痰、放屁等；男性茶艺师若无特殊宗教信仰和民族习惯，最好不要蓄须，及时剃去胡须。

（5）不要使用浓香型的洗发露、沐浴露，禁止使用香水、花露水、风油精等味道浓烈的物品；身体不要有异味；女性茶艺师可以化淡妆，但不要浓妆艳抹，否则会影响茶香，与茶叶给人天然的感觉也是不一致的。

（二）整齐的发型

茶艺师的发型，要适合冲泡茶类或主题茶艺演示，还要适合茶艺师的脸型、气质。不可染烫过于鲜艳的颜色及怪异发型。梳短发的，要求在低头时，头发不要落下挡住视线；梳长发的，泡茶时应束起或盘起头发，刘海不要过眉。

（三）优美的手型

女性茶艺师要有双纤细、柔嫩的手，注意适时保养，随时保持清洁；男性茶艺师的手要干净，不留长指甲。在泡茶过程中，客人的目光始终停留在茶艺师手上，观看泡茶的全过程，注意手部清洁就显得格外重要。

（1）勤修指甲，指甲内无污物，不宜涂抹指甲油。

（2）手上不要戴饰物，如果佩戴太"出彩"的首饰，会有喧宾夺主的感觉，显得不够高雅，而且体积太大的戒指、手链也容易敲击到茶具，发出不协调的声音，甚至会打破茶具。

（3）手要清洁干净。品茶时，经常有客人反映茶有化妆品的味道、有肥皂的味道，这都是洗手时没把异味彻底冲掉，或是泡茶之前用手托腮，沾上了面部化妆品的味道所致。

（四）得体的着装

服装，大而言之是一种文化，反映了一个民族的文化素养、精神面貌和物质文明的发展程度。小而言之，服装又是一种语言，反映出一个人的职业、文化修养、审美意识，也能表现出一个人对自己、对他人以及对茶事活动的态度。茶事活动着装的原则是根据时间、地点、场合，做到和谐得体。

（1）茶艺师在泡茶时服装不宜太鲜艳，要与环境、茶具相匹配。品茶需要一个安静的环境、平和的心态。如果泡茶者服装颜色过于鲜艳，就会破坏安静和谐的氛围，使人有躁动不安的感觉。

（2）茶艺师在泡茶时服装式样以中式为宜，服装不宜过短，裙装宜过膝；不宜着无袖装，袖口不宜过宽，否则容易沾到茶具或茶水，给人一种不卫生的感觉。

（3）茶艺师服装要经常清洗，特别注意领口和袖口处无油渍、黄渍，保持整洁。

二、仪态

仪态又被称为体态语，也叫仪姿、姿态，是指茶艺师身体呈现出的各种姿态，包括举止动作、神态表情和相对静止的体态。通过茶艺师的面部表情，体态变化，站、走、坐、举手投足，表现出茶艺师的个人涵养、精神状态和文化教养。

（一）站姿

站姿是一种静态的身体造型，又是其他动态身体造型的基础。站立时，身体要端正，收腹、挺胸、提臀，眼睛平视，下巴微收，嘴巴微闭，面带微笑，平和自然，双臂自然下垂或在体前丹田处交握。在茶艺演示中女性茶艺师常把右手叠放于左手上，因为右手为阳，左手为阴，而且右手在上更方便连接下一个动作。

1. 女性茶艺师站姿

女性茶艺师在站立时要突出柔美的感觉，同时要表现出女性娴静、典雅的韵味，给人一种宁静之美。站立时，可采用"V"字形或"丁"字形站姿。

"V"字形站姿：双脚呈"V"字形，两脚尖开度为 50 度左右，膝和脚后跟要靠紧，双手叠放于丹田前，如图 1-1 所示。

"丁"字形站姿：在"V"字形站姿的基础上，右脚后退半步至左脚内侧脚跟，两腿两膝并拢挺直，身体重心可放在任一腿上，并且可以通过重心的转移来缓解长时间站立的疲劳，如图 1-2 所示。

2. 男性茶艺师站姿

男性茶艺师在站立时要突出稳健的感觉，所谓"站如松"，表现出男性刚健、英武的风采，给人一种阳刚之美。站立时，双手可采用侧放式、前腹式或后背式。

侧放式站姿：站立时，男性茶艺师双脚可以打开，双脚打开的宽度与肩部同宽，采用侧放式，双臂自然下垂，处于身体两侧，中指指尖对准裤缝，手部虎口向前，手指少许弯曲，呈半握拳状，指尖向下，如图1-3所示。

图1-1　"V"字形站姿　　　　图1-2　"丁"字形站姿

图1-3　侧放式站姿

前腹式站姿：站姿要求同侧放式，采用左手在上，双手虎口交握置于丹田前；还可采用左手大拇指与四指搭放在右手腕部，右手半握拳，叠放在丹田前的姿态，如图 1-4 所示。

图 1-4 前腹式站姿

后背式站姿：站姿要求同侧放式，双手轻放在后背腰处半握拳，如图 1-5 所示。

图 1-5 后背式站姿

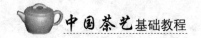
（二）走姿

走姿是一种动态的美。要求上身正直，目光平视，面带微笑；肩部放松，手臂向前自然摆动，手指自然弯曲；行走时身体重心稍向前倾，腹部和臀部要向上提，由大腿带动小腿向前迈进，行走路线为直线。茶艺师在行走时身体要平稳，两肩不要左右摇摆，不可弯腰驼背，脚尖不要呈内八字或外八字，要保持一定的步速，不要过急，如图1-6所示。步幅的一般标准是一脚踏出落地后，脚跟到脚尖的距离恰好等于自己的一脚长；身高1.75米以上的茶艺师，步幅一般为一脚半长。无特殊情况，步幅不要过大，因为步幅过大，人体前倾的角度必然加大，茶艺师手捧茶具来往容易发生意外。另外，步幅过大再加上速度较快，容易让人产生急躁的感觉，会破坏品茶宁静的氛围和茶艺师优雅的形象。

走姿还需与服装的穿着相协调。女士穿旗袍行走时幅度不宜大，尽量体现柔和、含蓄的风格；穿长裙或裤装时，行走要平稳，步幅可稍大些。

转身时，向右转则右足先行，反之亦然，出脚不对时可原地多走一步，待调整好再直角转弯。到达客人面前为侧身状态，需转身正对；离开客人时应先退后两步再侧身转弯。

图1-6　走姿

（三）坐姿

坐姿是一种静态造型。茶艺师入座时，略轻而缓，但不失朝气，走到座位前面转身，右脚后退半步，用膝盖向后轻轻触碰，感觉椅（凳）的位置，左脚跟上，然后轻稳地坐下，落座声音要轻，最好坐椅子的一半或 2/3 处，穿裙子时可用手背把裙子向前拢一下，穿连衣裙或旗袍时可用手背先把裙子向前拢一下然后再轻微向上提一些再坐下，如果不提一些的话，衣领处会勒住颈部及肩部，不方便茶艺操作。

坐下后，上身挺直，双肩放松，头正目平，嘴巴微闭，下颌微收，舌尖抵上颚，眼可平视或略垂视，面部表情自然，女性茶艺师右手在上，双手虎口交握，叠放于面前桌沿；男士双手分开如肩宽，半握拳轻搭于前方桌沿，调匀呼吸，全身放松，集中思想。

1. 正式坐姿

上身与大腿、大腿与小腿都应成直角，小腿与地面基本垂直，两脚自然平落地面，两膝间的距离，男性茶艺师以松开一拳为宜，也可双脚双膝并拢，如图 1-7 所示。女性茶艺师双脚双膝应并拢，与身体垂直放置，如图 1-8 所示。

图 1-7　男性茶艺师正式坐姿　　图 1-8　女性茶艺师正式坐姿

2. 侧点坐姿

侧点坐姿分左侧点式坐姿和右侧点式坐姿，斜放后的腿部与地面呈 45 度左右。左侧点式坐姿要双膝并拢，两小腿向左斜伸出，左脚跟靠于右脚中间部位，左脚脚掌内侧着地，右脚跟提起，脚掌着地，如图1-9所示。右侧点式坐姿相反，如图1-10所示。要想使小腿部分看起来略显修长，坐时要将膝盖到脚尖的距离尽量拉远，线条看起来会更优美。

图1-9　左侧点式坐姿　　　　　图1-10　右侧点式坐姿

3. 双腿叠放式坐姿

适合穿短裙的女士，采用该坐姿时，将双腿完全地一上一下交叠在一起，交叠后的两腿之间没有任何缝隙，犹如一条直线。双腿斜放于左侧或右侧，斜放后的腿部与地面呈45度夹角，叠放在上的脚尖垂向地面，如图1-11所示。

4. 跪式坐姿

跪时将衣裙放在膝盖底下，显得整洁端庄，腋下留出品茗杯大小的余地，两臂似抱圆木，五指并拢，手背朝上，重叠放在膝盖头上，女性右手在上，男性左手在上；双脚的大拇指重叠，臀部坐在其上，臀部下面如有一纸之隔，上身如站立姿势，头顶有上拔之感，坐姿安稳，如图1-12所示。

5. 盘腿坐姿

一般适合于穿长衫的男性或表演宗教茶道时使用。坐时用双手将衣服撩起，徐徐坐下，衣服后面下端铺平，双腿向内屈伸相盘，用两手将前面下摆稍稍提起，不可露膝，双手分搭于两膝，其他姿态同跪坐，如图1-13所示。

图 1-11　双腿叠放式坐姿

图 1-12　跪式坐姿

图 1-13　盘腿坐姿

（四）蹲姿

蹲姿一般用于取放低处的物品、拾起掉落在地上的物品或奉茶时客人位置较低的情况。

1. 交叉式蹲姿

下蹲时右脚在前，左脚在后，右小腿稍倾斜于地面，全脚着地。左腿在后与右腿交叉重叠，左膝由后面伸向右侧，左脚脚跟抬起，脚掌着地。两腿前后靠紧，合力支撑身体，臀部向下，上身稍向前倾。如图1-14所示。

图1-14　交叉式蹲姿

2. 高低式蹲姿

下蹲时左脚在前，右脚稍后，两脚不要重叠，两腿靠紧向下蹲。左脚全脚着地，小腿基本垂直于地面，右脚脚跟提起，前脚掌着地。右膝低于左膝，右膝内侧靠于左小腿内侧，形成左膝高右膝低的姿态，臀部向下，基本上以右腿支撑身体。根据个人习惯不同，也可采用右脚在前，左脚在后的姿态下蹲。如图1-15所示。

男性茶艺师可选用第二种蹲姿，两腿间保持适当距离，女性茶艺师无论采用哪种蹲姿，都要注意将腿靠紧，臀部向下。

图 1-15　高低式蹲姿

（五）面部表情

茶艺师应保持端庄、恬静，具有亲和力的表情，如图 1-16 所示。

图 1-16　面部表情

（1）友好的目光神态。茶事服务中，用友好的目光注视对方，注视的部位应在社交注视区，即眼鼻三角区的部位。平视对方，眼神不要东张西望。

（2）发自内心的微笑。微笑能有效缩短双方的距离，给对方留下美好的心理感受，从而形成融洽的品茗氛围。

（六）优雅的举止

茶事活动中，举手投足间讲究规范适度、含蓄有礼，切忌浮夸表演。

（1）茶艺师在为客人泡茶过程中的一举一动都十分重要。就拿手的动作来说，如果左手手肘趴在桌上，用右手泡茶，整个人看起来就很懒散；右手泡茶，左手不停地动，会给人一种紧张的感觉；一手泡茶，一手垂直吊在身旁，从对方看来，就像缺了一只手的样子，不进行操作的手最好自然地放在操作台上。如图1-17所示。

图 1-17　举止规范

（2）泡茶时，茶艺师身体尽量不要倾斜，以免给人失重的感觉。有的茶艺师在放置茶叶时，为了看清茶叶放了多少，低头下来往壶里看，显得不够从容；有时担心泡过头，不断翻动壶盖，显得不够淡定；与客人缺乏交流，个性显得不够开朗，待客不够亲切。

一个人的个性很容易从泡茶的过程中表露出来，可以借着姿态动作的修正，潜移默化地陶冶一个人的情操。当品茶者看到茶艺师面带笑容，端端正正冲泡着香茗时，还没有喝就可以感受到如沐春风的温暖。

（3）开始练习泡茶的时候，只求正确地做出每一个动作，打好基础；慢慢地，当各项动作变得纯熟时，就可以将习茶动作的韵律感表现出来，并在泡茶的过程中与客人自如交流。

泡茶时，茶汤的品质最为重要，但茶艺师得体的服装、整齐的发型、干净的面部和优雅的动作也会给人一种赏心悦目的感觉，使品茶成为一种全方位的享受。

三、礼节

礼节实际上是礼貌的具体表现。在茶艺操作中要做到三轻：说话轻、走路轻、操作轻。茶艺中礼节的表现形式有鞠躬、伸掌、奉茶、起立等。

（一）鞠躬礼

鞠躬礼是茶艺活动中常用的礼节，有站式、坐式和跪式三种。根据鞠躬的弯腰程度可分为真、行、草三种。"真礼"多用于主客之间，"行礼"多用于客人之间，"草礼"多用于说话前后。

1.站式鞠躬

以站姿为准备，两手平贴大腿徐徐下滑，上半身平直弯腰，弯腰时吐气，直身时吸气。弯腰到位后略做停顿，再慢慢起身，同时手沿大腿上提，恢复站姿。"真礼"要求行 90 度的弓形礼，如图 1-18 所示。"行礼"仅双手至大腿中部即可，头、背与腿约呈 120 度的弧度，如图 1-19 所示。"草礼"只需将身体向前稍做倾斜，两手搭在大腿根部即可，头、背与腿约呈 150 度的弧度，如图 1-20 所示。

图 1-18　站式鞠躬（真礼）

图 1-19　站式鞠躬（行礼）

图 1-20 站式鞠躬（草礼）

2. 坐式鞠躬

以坐姿为准备，弯腰后恢复坐姿，其他要求同站式鞠躬。若茶艺师是站立式，客人坐在椅子上，客人可用坐式鞠躬答礼。

3. 跪式鞠躬

以跪式坐姿为准备，背颈部保持平直，上半身向前倾斜，同时双手从膝上徐徐下滑，"真礼"要求全手掌着地，两手指尖斜相对，身体前倾，胸部与膝间只留一个拳头的空隙，身体约呈 45 度，弯腰时吐气，稍做停顿，直身时吸气，慢慢直起上身；"行礼"要求两手前半掌着地（第二手指关节以上着地即可），身体约呈 55 度前倾；"草礼"要求两手手指着地，身体约呈 65 度前倾。

（二）伸掌礼

这是茶艺活动中用得最多的示意礼。当主泡与助泡之间协同配合时，向客人敬奉各种物品时都常用此礼，表示的意思是：请、谢谢，如图 1-21 所示。

行伸掌礼时，应将手斜伸在所敬奉的物品旁边，五指自然并拢，手掌略向内凹，手腕含蓄用力，不可僵硬。

图 1-21　伸掌礼

（三）叩指礼

此礼是从古代的叩头礼演变简化而来，表示"谢谢"的意思。当长辈给晚辈倒茶时，晚辈应五指并拳，拳心向下，五指同时敲击桌面，相当于五体投地跪拜礼，敲桌面三下相当于三拜，遇到特别尊敬的人，可以敲九下，相当于三跪九拜。平辈之间倒茶，可用食指和中指并拢，同时敲击桌面，相当于双手抱拳作揖，敲桌面三下相当于三作揖。晚辈给长辈倒茶时，长辈可用食指或中指敲击一下桌面，相当于点点头，如果想表示对晚辈的欣赏，可敲三下。

（四）奉茶礼

奉茶礼是指将泡好的茶敬奉给客人。为宾客递送茶单、茶品、茶食、账单一类的物品时，要使用托盘。奉茶时，最好使用杯托，若不用杯托，注意不要用手指接触杯沿。端至客人面前，应略躬身，说"请用茶"，也可伸手示意，说"请"。若客人的位置或桌面较低时，采用蹲姿奉茶和递取器物，表示对客人的尊敬。如图 1-22 所示。

图1-22　奉茶礼

使用奉茶盘时，若盘子有明显的方向性，如盘面有一幅画，让正面朝向客人；若盘子无方向性，但盘缘有镶边，镶边的接缝点应让其朝向自己，也就是让完整的一面朝向宾客。杯子若有方向性，如杯面画有图案，使用时，不论放在茶台上还是摆在奉茶盘上，都让正面朝向宾客。除特殊情况外，不用单手奉茶。奉茶时茶杯有杯柄的，在奉茶时要将杯柄转至客人的右手边。敬茶点要考虑取食方便，有时请客人自选茶点。

在客人较多时，上茶的顺序一定要慎重对待，合乎礼仪的做法应当是：其一，先为客人上茶，后为主人上茶；其二，先为主宾上茶，后为次宾上茶；其三，先为女士上茶，后为男士上茶；其四，先为长辈上茶，后为晚辈上茶。

如果来宾较多，且彼此之间差别不大时，可按下列四种顺序上茶：其一，以上茶者为起点，由近而远依次上茶；其二，以进入客厅之门为起点，按顺时针方向依次上茶；其三，以来宾的先来后到为上茶顺序；其四，上茶时不讲顺序，将茶预先准备好由来宾自己取用。

（五）寓意礼

在长期的茶事活动中，形成了一些寓意美好祝福的礼仪动作，在冲泡时不必用语言，宾主双方就可意会。常见的有：

（1）凤凰三点头。用手提水壶高冲低斟反复三次，寓意向来宾三鞠躬以示欢迎。

（2）回旋注水。右手按逆时针方向，左手按顺时针方向回旋注水，类似招呼手势，寓意"来、来、来"，表示欢迎；反之则变成暗示挥手"去、去、去"。

（3）茶壶放置。放置茶壶时，壶嘴不要正对客人，否则，表示请人赶快离开。壶嘴朝向离宾客最远，也可避免被壶口水蒸气烫伤。

（4）斟茶量。俗话说"茶满欺客"，斟茶时只斟七分满，七分满的茶量客人端取时不会烫手，寓意"七分茶三分情"。客人喝过几口茶以后，应为其续上，不可以让茶杯见底，寓意"茶水不尽，慢慢饮来，慢慢叙"。

（5）行茶时壶底、杯底不应朝向客人。

（六）其他礼节

（1）续水。每隔 15~20 分钟进行巡茶，续茶时，以不妨碍宾客为佳。

（2）起立。茶艺活动中的起立，是位卑者向位尊者表示敬意的礼貌举止，通常在迎候或送别嘉宾、年长者时使用。

（七）体现在语言上的礼节

茶艺师在与客人交谈时，既要注意谈话时的措辞，更要讲究礼仪与技巧，强化语言方面的修养。

（1）在服务接待中要使用敬语。通常说的"五声十字"是指"请、谢谢、您好、对不起、再见"。待客有五声，是指客来时有问候声、落座时有招呼声、得到协助有致谢声、麻烦宾客有致歉声、客走有道别声。

（2）听宾客说话时要专注。当与宾客的观点、看法基本一致时，通过点头或用"是""对"等语言，表示肯定或赞同。就宾客提出的一些建议，可以回答"谢谢您的提醒"。如果不赞同宾客的观点，可以保持沉默或以委婉的方式表示自己的看法，不要直接否定宾客的意见。

（3）在交谈中，根据与宾客的熟悉程度选择话题。一般来说，与陌生或不太熟悉的宾客攀谈，可以从日常生活开始。与熟悉的宾客交谈，几乎所有话题都可以交谈。在交谈中，要讲究问话技巧，使所提的问题得体。一是忌提明知宾客不能或不愿作答的问题；二是注意避讳词语难题，交谈中不要使用对方难以理解的词汇、专业术语或茶叶学术用语；三是适当运用幽默语。

（4）注意谈话的避讳。不要谈及他人隐私，主要包括收入、财产、衣服首

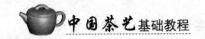
饰等的价格、年龄（特别是女性的年龄）、家庭住址及电话、工作单位、婚姻等；不要议论不在场的第三人；对特定对象不要问不该问的问题；不要使用不文雅的字眼等。

除此之外，茶艺师还可以用关切的询问、征求的态度、提议的问话和有针对性的回答来加深与宾客的交流，有效地提高服务质量。

企业实践任务　茶事服务过程中的礼仪接待

一、实践目的

茶艺师在茶事服务过程中要做到得体、适度，不过度服务。

二、实践准备

进行实践分组，以4人一组为佳，分饰迎宾、收银、茶艺师、宾客角色。

三、实践流程

（1）上岗前，做到仪表整洁、仪态端庄。

（2）候岗时，在营业前10分钟站在门口的两侧或便于环顾四周、视线开阔的位置随时准备迎候每位宾客。

（3）迎宾。宾客到达时要笑脸相迎，上前先向宾客招呼说"您好"，然后再说其他服务用语。如果有多位宾客，应先问候主宾，再问候其他宾客。

（4）引座。询问宾客是否有预订以及来宾人数，根据宾客人数及宾客到来的先后次序，按顺序将宾客引领到满意的座位。在为宾客引座时，应掌心向上，面带微笑，眼睛看着目标方向，并兼顾宾客是否意会到目标。

（5）迎宾茶。落座后及时为宾客送上一杯迎宾茶。

（6）点单。恭敬地向宾客递上清洁的茶单，耐心地等待宾客的吩咐，仔细地听清、完整地记牢宾客提出的各项具体要求，对宾客所点茶点提出合理建议，重复宾客所点茶品。采用智能点单时，茶艺师应主动耐心地向宾客介绍点单的方式方法。

为宾客介绍茶单中的茶品时，应该掌心斜向下方、五指并拢进行介绍。书写茶品订单时，应将订单放在左手掌心，站直身体书写，不能将订单放在宾客茶桌上。点单时如遇宾客正在交谈，应做到不旁听、不斜视、不打断，站立一旁等候宾客问话时再开始书写订单。点单结束后，向宾客表示谢意。

（7）备茶备具。准备好宾客所点茶品、相应茶具和茶点并及时送上。宾客所用器具不得有破损，必须经过消毒，符合卫生标准。

（8）席间服务。席间服务做到标准规范。赏茶，请宾客欣赏、确认所点茶叶，介绍茶叶产地、特点；赏器，介绍茶具材质与使用功能，鉴赏茶具；冲泡，掌握冲泡要素，运用规范的程序冲泡茶叶；换茶，掌握茶叶冲泡次数，征询宾客是否加、换茶；清理，在不打扰宾客的情况下清理桌面卫生，一般来说，果皮不超过容器1/2，烟头不可超过3个。在服务中，如需与宾客交谈，要注意适当、适量。

（9）收银。宾客示意结账时，及时提供账单，账单条目清晰正确，结账手续高效，准确无差错，提供信用卡服务。茶艺师将账单反面向上放在收银盘内递给主人，如果宾客要求报出消费总额时，茶艺师才能轻声报出账单总额。宾客结账后继续交谈的，茶艺师应当继续提供服务。宾客赠送小费时，要婉言谢绝，自觉遵守纪律。

（10）送客。当宾客准备离开时，茶艺师要轻轻拉开椅子，提醒宾客带好随身物品。离开时，茶艺师应让客人走在前面，送达门口后，茶艺师面带微笑，站姿端正，身体自然弯曲15度，向宾客致谢、告别，真诚欢迎宾客再次光临。如有宾客主动握手告别，茶艺师应当按标准行握手礼。宾客乘电梯离开时，茶艺师应帮助宾客按下电梯按钮，送宾客进入电梯，微笑目送宾客离开，一旦宾客回头，还可再次向宾客致意。

（11）收台。宾客离店后，严格按照卫生要求进行打扫，及时将茶具清洗消毒，在规定时间达到再次接待宾客的标准。

四、注意事项

（1）在进行实践前，要熟悉茶艺师职业道德与职业守则，掌握本课知识目标和能力目标。

（2）分组时注意角色互换，相互指出不足之处。

茶文欣赏

饮茶歌诮崔石使君

唐·皎然

越人遗我剡溪茗，采得金牙爨金鼎。

素瓷雪色缥沫香，何似诸仙琼蕊浆。

一饮涤昏寐，情来朗爽满天地。

再饮清我神，忽如飞雨洒轻尘。

三饮便得道，何须苦心破烦恼。

此物清高世莫知，世人饮酒多自欺。

愁看毕卓瓮间夜，笑向陶潜篱下时。

崔侯啜之意不已，狂歌一曲惊人耳。

孰知茶道全尔真，唯有丹丘得如此。

任务 2

茶文化基础知识

素质目标

1. 帮助学生了解中华优秀传统文化，领略传统文化的魅力。
2. 提升学生的民族自尊心、自信心、自豪感。
3. 引领学生形成高尚的道德情操、正确的价值取向。

知识目标

1. 了解中国茶的源流。
2. 了解中国饮茶方式的演变。
3. 领悟中国茶文化精神。
4. 了解中外饮茶风俗。
5. 了解茶与非物质文化遗产关系。

能力目标

能按照宋代饮茶方式进行仿宋点茶操作。

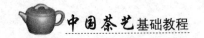

课堂任务 1　中国茶的源流

中国有着悠久的种植茶、利用茶、品饮茶的历史，世界上很多地方的茶叶种植和饮茶习惯都是从中国直接或间接传过去的。

一、茶树的起源

茶树在地球上的存在时间，有的记载是 6000~7000 万年，有的说是 300 万年，目前尚无定论。1987 年 7 月在贵州晴隆发现的茶子化石距今已有 100 万年以上，由此推断，茶树起源的时间起码在 100 万年以上。

关于茶树的起源，经历了相当漫长的争论和论证。现在普遍认为中国西南地区的云贵高原是茶树起源中心，中国是世界上最早发现并利用茶叶、最早栽培茶树、最早加工茶叶和茶类最为丰富的国家。

（一）我国最早发现茶树

瑞典著名植物分类学家林奈所定的茶树学名 "Thea sinensis"，意即 "中国茶树"，定名根据的标本也来自我国。

如今，全国有 10 个省份约 200 多处相继发现野生大茶树，其中 70% 集中在云南、四川和贵州。中国西南部山区的野生茶树，其类型之多、数量之大、面积之广，是世界上罕见的，这是原产地植物最显著的植物地理学特征。

（二）自然条件有利于茶树形成和发展

我国云南的主要茶区大多分布在澜沧江两岸，西双版纳是云南大叶种的发源地。西双版纳茶区大部分分布在海拔一两千米的山区和丘陵地带，年平均温度在 15℃~20℃，年降雨量 1200~1500 毫米。由于受赤道季候风的影响，每年分为干湿两季，雨季（5 月到 10 月）空气中相对湿度经常在 80% 以上，干季（11 月到翌年 4 月）浓雾弥漫，每天到了近午才散失，雾是干季水分的主要来源。不仅如此，在西双版纳丰富的茶树资源中，古老茶区的茶树都生长在高层森林树冠的荫蔽之下。在天然林中，茶树一般居于中层，上层是高大的阔叶乔木，林下疏朗透光，形成了茶树半阴性生态的特性。至今，该地樟茶混交林几乎到处可见，除上层保留有高达 20 米左右的阔叶乔木外，其下是高约 5 米左右的樟树和两三米高的茶树。茶区土壤一般为棕色森林土，酸性的红、黄壤，地面布满枯枝落叶，土层深厚松软。所有这些特点，都是形成茶树在系统发育过程中的重要条件。

（三）中国西南部山茶属植物最多

云南茶属植物在地理上的分布，也是研究茶树原产地的重要依据。茶树在植物系统上属于茶科，亦作山茶科茶属。本科植物共约 23 属 380 余种，其中除有 10 属产自美洲外，绝大多数种属产自亚洲热带至温带，尤以我国最多，约有 260 余种分布在云南，号称"云南山茶甲天下"。就茶属来说，全世界已发现的共约 80~100 余种，产亚洲的亚热带，在我国有 60 种以上，也以云南为最多。1957 年，胡先骕在云南曾发现 20 多个茶属新种。从种的数目看，云南是植物分布的中心。

（四）中国茶树种质资源遗传多样性最丰富

物种起源都是一元论，达尔文进化论也可以证明茶树原产只有一种。我国皋芦种被认为是茶树起源的原始种，是有遗传学根据的，它进化为中国大叶变种的过程，也是值得进一步研究的。先秦的《桐君录》、裴渊的《广州记》、陆羽的《茶经》和李时珍的《本草纲目》都提及皋芦种，我国西南和东南茶区发现的野生大茶树，形态也类似皋芦种。

（五）茶叶生化成分特征证实了茶起源于中国西南部

儿茶素是茶树新陈代谢的主要特征之一。有研究同时将不同纬度的茶叶制成绿茶来提取茶多酚成分，低纬度地区得到的茶多酚总量较高，但酯型儿茶素含量较低；而高纬度地区尽管茶多酚总量相对较少，但酯型儿茶素比例却很高。这种复杂儿茶素是在简单儿茶素的基础上进化而来的，我国西部野生大茶树生化分析结果表明，其简单儿茶素比例比其他样品都高。

（六）中国西南部山区的茶树类型丰富多样

中国西南部山区的茶树种质资源是世界上最丰富的，有灌木型、小乔木型、大乔木型，茶树叶子也有大有小。这种形态、类型等种内变异的资源丰富程度是世界上任何其他国家和地区都无法比拟的。

（七）中国是利用茶最早、茶文化最为丰富的国家

中国有世界上最古老、保存最多的茶文物和茶典籍，有世界上第一本茶书，在湖南省炎陵县还有神农墓与神农庙。四川名山区蒙山上清峰下的仙茶园，相传是西汉甘露三年（前51年）吴理真手植，有茶七株，人称皇茶园，是人工栽培的最早茶园。浙江余姚的大岚山，有记载是两千年前经西汉丹丘子指点，"虞洪获大茗"之地。天台山华顶归云洞前"葛玄茗圃"，是三国道学家葛玄修道炼丹植茗之处。

1992年，云南西双版纳州文化部门调查佛教文化时，在勐腊县佛寺中发现了"贝叶经"。经文是关于佛祖在西双版纳州的易武、革登、倚邦等地发现了茶树，并指导当地民族种茶、制茶和饮茶的事情。当地的许多民族，至今仍将茶奉若神明。如德昂族以茶为始祖，认为茶生育了人，还生育了日月星辰，不论迁居到何地，先要种上茶树。拉祜族视茶为祖先，认为茶树就是神魂，能左右人。基诺族如今仍保留着原始的吃茶法。

二、"茶"字的起源

中国是世界上最早确立"茶"字字形、字音和字义的国家，各国茶的译音发源于广东语的"cha"音和发源于厦门语的"te tai"即"Tay"音。

"茶"字由"荼"简化而来，始发于汉代。到了中唐，茶的音、形、义趋于统一，后来陆羽的《茶经》广为流传，"茶"的字形进一步确立。在唐以前，对茶有许多称呼，如槚、茗、荈、水厄、皋芦、瓜芦、不夜侯、酪奴等。南宋魏了翁在《邛州先茶记》中说："茶之始，其字为荼"。荼字首见于西周初期著作《诗经》，如《邶风·谷风》曰："谁谓荼苦，其甘如荠。"《豳风·七月》说："采荼薪樗，食我农夫。"《尔雅》进一步明确其概念说："槚，苦荼。"

《汉印韵合编》中，"荼"字已向"茶"字形演变了，但还没有"茶"字音，也不知道指的是何物。

由"荼"字音读成"茶"字音，始见于《汉书·地理志》，其中写到今湖南省的茶陵，古称荼陵，曾是西汉荼陵候刘沂的领地，称荼王城，是当时长沙

国 13 个属县之一。唐颜师古注此地的"茶"字的读音为"音弋奢反，又音丈加反"。它虽有"茶"字义，已接近"茶"字音，但却没有"茶"字形，因此，人们还无法定论那时"茶"字是否已经确立。所以，南宋魏了翁的《邛州先茶记》说，荼陵中的"荼"字属已转入茶音，而未敢轻易字文。陆德明《经典释文》和《诸经音读》就把荼字读音改为去掉一画的茶字读音了。

"茶"字字形的形成除了上文汉代著作中始出现，在成书于 735 年的《开元文字音义》一书中也出现了"茶"字，作为重要的史料证据表明茶字的来源。陆羽在《茶经·一之源》的注中："从草，当作茶，其字出《开元文字音义》。""茶"字虽在民间广为流传，且被收录于《广韵》与《开元文字音义》中，然而在正式场合，仍未普及。

"茶"字沿用至今，成为一个专有名词，与陆羽《茶经》的普及和影响力有很大的关系。陆羽在对茶有众多称呼的情况下，在著述《茶经》时，规范了茶的语音与书写符号，将"荼"一律改写为"茶"，从而确立了一个形、音、义三者兼备的"茶"字。

南宋魏了翁在《邛州先茶记》中说："惟自陆羽《茶经》、卢仝《茶歌》、赵赞《茶禁》以后，则遂易荼为茶。"

三、茶叶起源的传说

上古时代文字未出现时，很多事都是口传下来的，到了有文字时才记载为书籍。陆羽《茶经·六之饮》指出："茶之为饮，发乎神农氏，闻于鲁周公。"西晋皇甫谧的《帝王世纪》说："炎帝神农氏，长于姜水，始教天下耕，种五谷而食之，以省杀生。"近代，《辞海》称神农氏是"传说中农业和医药的发明者"。

神农氏炎帝（距今约 6000~5500 年）是中华农耕文明的人文始祖，也是华夏先民发现利用茶的代表。据《神农本草经》记载："神农尝百草，日遇七十二毒，得荼（茶）而解之"，这个故事在我国流传很广，影响颇深。此书为中药学书，是秦汉时人托名"神农"所作。从这段记载衍生了三种不同的传说，一种传说是神农为人民治病，亲自尝试各种草木治病的功效，在煮水时，偶然有茶叶由枝头飘入锅内，因此发现茶叶可作为治病的饮料。另一种传说，神农尝试草木治病的功效，尝到金绿色滚山珠中毒，死在茶树下，茶树上面的水流入口中，因而得救。第三种传说，神农有一个水晶般透明的肚子，吃下什么东西，在胃肠里看得清清楚楚。古时人们经常因乱吃东西而生病，甚至丧命。神农为了解除人们的疾苦，决定把看到的植物都尝一遍，看看哪些植物可以吃，哪些有毒不能吃。有一天他吃了72种有毒的植物，肠子变黑了，当他尝到一种开着白花的树上嫩叶时，发现这种绿叶在胃肠中到处流动洗涤，好似在肚子里检查什么，竟然把胃肠里的毒都解了。神农就把这种绿叶叫作荼（音通我们现在所说的茶）。不论哪种传说，都说神农时期开始发现和利用茶。此外，在《史记》《淮南子》《本草衍义》中亦有类似记载。

四、中国用茶的源流

茶从发现到成为日常饮料，是经过很长过程的。药用为其开始之门，祭祀、食用次之，饮用则为最后发展阶段。四者之间有先后承启的关系，但是又不可能进行绝对划分。现在用茶主要是以品饮为主，但同时又有祭祀、药用和食用的功能。

（一）药用

中医素有"医食同源"之说。最早记载饮茶的既不是"诸子之言"，也不是史书，而是本草一类的药书，例如《神农本草》《神农食经》《食论》《本草拾遗》《本草纲目》等书中有关"茶"之条目。

《神农本草》中记载"茶味苦，饮之使人益思、少卧、轻身、明目"。可知茶在我国神农氏时代，便已知茶有"饮"之功能，这里的"饮"，当指饮食，不能单纯理解为"饮料"。

《神农食经》记载"茶茗久服，令人有力，悦志"。说常常饮茶，使人精力充沛，身心舒畅。东汉华佗在《食论》写道"苦茶久食，益意思"，说茶叶的味道较苦，但经常服用有利于头脑清醒、思维敏捷。唐苏敬《新修本草·木部》中说："茗，苦茶，味甘苦，微寒无毒，主瘘疮，利小便，去痰热渴，令人少睡，秋采之苦，主下气消食。注云：春采之。"明代李时珍《本草纲目》将茶的品性、药用价值一一道来：茶苦而寒，阴中之阴，沉也，降也，最能降火，火为百病，火降则上清矣。然火有五火，有虚实，若少壮胃健之人，心、肺、脾、胃之火多盛，故与茶相宜。温饮则火因寒气而下降，热饮则茶借火气而升散，又兼解酒食之毒，此茶之功也。清代黄宫绣在《本草求真》记载"茶禀天地至清之气，得春露以培，生意充足，纤芥滓秽不受，味甘气寒，故能入肺清痰利水，入心清热解毒，是以垢腻能降，炙灼能解，凡一切食积不化，头目不清，痰涎不消，二便不利，消渴不止及一切吐血、便血等服之皆能有效。但热服则宜，冷服聚痰，多服少睡，久服瘦人；空心饮茶能入肾消火，复于脾胃生寒，万不宜服"。

好茶的文人对茶的药用功能也提出了自己的见解。唐代白居易的《赠东邻王十三》就说："携手池边月，开襟竹下风。驱愁知酒力，破睡见茶功。"唐代刘贞亮在《饮茶十德》中概括饮茶好处有："以茶散郁气，以茶驱睡气，以茶养生气，以茶除病气，以茶利礼仁，以茶表敬意，以茶尝滋味，以茶养身体，以茶可行道，以茶可雅志。"他不仅把饮茶作为养生之术，而且作为修身之道。唐代陆羽《茶经》中全面论述了茶的功效："茶之为用，味至寒，为饮最宜。精行俭德之人，若热渴、凝闷、脑疼、目涩、四肢烦、百节不舒，聊四五啜，与醍醐、甘露抗衡也"。宋代吴淑在《茶赋》中说茶可以"涤烦疗渴，换骨轻身，茶荈之利，其功若神"。明代顾元庆在《茶谱》中说"人饮真茶能止渴、消食、除痰、少睡、利尿、明目益思、除烦去腻、人固不可一日无茶"。

对于我国边疆少数民族而言，茶的药用价值更为突出，少数民族居住在高寒地区，日常主食都是牛羊等肉类食品，不易消化，而茶的促消化功能对于他们而言，是非常重要的。《明史·食货志》中记载"番人嗜乳酪，不得茶则困而病"。明朝谈修《滴露漫录》中记载"以其腥肉之食，非茶不消；青稞之热，非茶不解"。

以上是古人凭借实践经验总结出来的茶叶的药用功效，随着科学技术的发展，特别是现代医学的发展，使我们对茶叶的功效有了更科学的认识。目前已经鉴定出茶叶化学成分达 1400 多种，它们对茶叶的色、香、味以及营养、保健起着重要的作用。

（二）祭品

到了周朝，茶叶作为祭品。《礼记·地官》记载"掌荼"和"聚荼"以供丧事之用，从而可知 3000 年前茶叶就扩大用途作为祭品。梁萧子显撰写的《南齐书·武帝本纪》中记载，齐武帝萧赜于永明十一年（493 年）七月下诏："我灵上慎勿以牲为祭，唯设饼、茶饮、干饭、酒脯而已，天上贵贱，咸同此制"。《蛮瓯志》记称："《觉林院志》崇收茶三等：待客以惊雷荚，自奉以萱草带，供佛以紫茸香。盖最上以供佛，而最下以自奉也。"《异苑》："剡县陈矜妻少寡，与二子同居，好饮茶。家有古冢，每饮辄先祠之。二子欲掘之，母止之。其夜梦人云：'吾止此冢三百馀年，今二子恒欲见毁，赖相保护，又享吾佳茗。虽潜朽壤，岂忘翳桑之报？'及晓，于庭中获钱十万，似久埋者，惟贯新。母告二子，祷祠愈切。"在中国清代，宫廷祭祀祖陵时必用茶叶。据载同治十年（1871年）冬至大祭时即有"松罗茶叶十三两"记载。在光绪五年（1879年）岁暮大祭的祭品中也有"松罗茶叶二斤"的记述。而在中国民间则历来有以"三茶六酒"和"清茶四果"作为丧葬祭品的习俗。如在我国广东、江西一带，清明祭祖扫墓时，就有将一包茶叶与其他祭品一起摆放于坟前或在坟前斟上三杯茶水祭祀先人的习俗。茶叶还作为随葬品，发掘于长沙马王堆西汉古墓中，由此可知中国早在2100多年前已将茶叶作为随葬物品。古人认为茶叶有"洁净、干燥"作用，茶叶随葬有利于墓穴吸收异味、有利于遗体保存。以茶为祭，可祭天、地、神、佛，也可祭鬼魂，一般有以茶水为祭，放干茶为祭，以茶壶、茶盅象征茶叶为祭三种方式。

（三）食用

到了春秋时代，茶叶已发展到既是祭品，又是菜食了。东周《晏子春秋》中记载"婴相齐景公时，食脱粟之饭，炙三弋五卵，茗茶而已"。东晋郭璞在《尔雅》注云："矮小者似栀子，冬至生叶，可煮作羹饭。今早采者为茶，晚采者为茗。一名荈，蜀人名为苦茶。"可见古人将茶叶摘下煮作羹饮确有其事。三国魏张揖《广雅》中提到"荆、巴间采茶作饼成，以米膏出之。若饮先炙，令色赤，捣末置瓷器中，以汤浇覆之，用葱、姜芼之。其饮醒酒，令人不眠"。

流传至今的食用形式还有擂茶、姜盐豆子茶、苗族和侗族的油茶，以及基诺族的凉拌茶等。不同地区的擂茶有不同的配料，用生姜、生米、生茶叶（鲜叶）做成的擂茶，又名"三生汤"，有浆状和粥状，据说有解暑、消食、润肺之效，延年益寿之功。吃擂茶的地区主要在湖南、江西、福建、广东、浙江、江苏的客家聚居地。南宋黄升《玉林诗话》中载路德章《盱眙旅舍》中写道"道旁草屋两三家，见客擂麻旋点茶"。姜盐豆子茶是适量的茶叶和炒香的黄豆、芝麻、姜、盐放入茶碗中，直接用开水沏泡即成，简便快捷，符合现代人的生活节奏。

（四）饮用

饮用就是把茶作为饮料，或是解渴，或是提神。关于饮茶的起始，到目前为止还存在争议。大致说来，有上古说、先秦说、两汉说、三国说、两晋说等多种说法。

清代郝懿行在《证俗文》中指出："茗饮之法，始于汉末，而已萌芽于前汉。"认为饮茶始见于东汉末，而萌芽于西汉。因为西汉著名辞赋家王褒在《僮约》中写到"脍鱼炰鳖，烹茶净具""武阳买茶，杨氏担荷"，前一句反映了当时成都一带，饮茶已成风尚，在富豪之家，饮茶还出现了专门的用具；后一句反映成都附近，由于茶的消费和贸易需要，茶叶已经商品化，出现了如武阳一类的茶叶市场。到王褒时期，茶叶已是士大夫们的生活必需品了。所以王褒《僮约》写家童每天既要在家烹茶，又要外出武阳买茶，茶叶在当时是一种重要的商品。明代杨慎《郡国外夷考》记："《汉志》葭萌，蜀郡名。萌音芒，方言，蜀人谓茶曰葭萌，盖以茶氏郡也"。可见汉时蜀地已有固定的茶叶产地。

《僮约》成于西汉宣帝神爵三年（公元前59年），是关于饮茶最早的可信文献记载。既然用来待客，不会是药用而应是饮用。王褒是四川资中人，买茶之地为四川彭山。最早对茶有过记载的王褒、司马相如、扬雄等均是蜀人，因此可以确定是巴蜀之人发明饮茶。饮茶最初发生在四川，最根本的原因是四川地区的巴蜀文化、浓厚的神仙思想造就了茶叶饮料。故中国人饮茶不会晚于西汉，所以两汉说是成立的。

课堂任务 2　中国饮茶方式的演变

中国饮茶经历了漫长的发展和变化时期。不同的阶段，饮茶的方式、特点都不相同，大约可以分为四个时期：一是汉魏六朝，二是唐五代，三是宋元时期，四是明清以后。各个时期的饮茶方式各有特点。

一、汉魏六朝饮茶法

汉魏六朝乃至初唐的主流饮茶方法是煮茶法。在中唐以前，茶叶加工粗放，往往连枝带叶晒干或烘干，成为原始的散茶，所以烹饮也较简单，源于药用的煮熬和源于食用的烹煮是其主要形式。

方法：用鲜叶或干叶，佐以姜、桂、椒、橘皮、薄荷等入鼎、釜而烹煮（或入热水煮熬或入冷水煮至沸腾乃至百沸），或用鲜叶或干叶烹煮成羹汤，加盐调味，然后盛到碗内饮用。

二、唐五代饮茶法

唐代是茶作为饮料扩大普及的时期，并从社会的上层走向全民。唐代茶叶主要有粗茶、散茶、末茶、饼茶四种，以饼茶为主。专门采造宫廷用茶的贡茶院也是这一时期设立的。

唐代饮茶风气的形成不是偶然的。唐朝以前，中国利用茶已经有了3000年的历史，六朝时固定的茶叶生产基地和茶叶集散地、广阔的茶叶消费区域、采茶、制茶经验以及人们对茶叶的了解，使人们逐渐喜欢上这种饮料。

唐代饮茶风气的形成还与唐代社会状况有密切关系。唐代是我国封建社会中期极为鼎盛的时期，当时国家空前统一，交通发达。国力强盛，经济富足，人们生活水平普遍提高，为饮茶提供了物质保障。

唐代中外交往频繁，社会风气开放。这种开放的风气使唐朝不仅能继承六朝文化的优良传统，而且敢于突破这些传统，同时不断采撷国内外各民族文化的精华。所以说唐代的文化独具开创性，使饮茶风俗在唐代发展到新的阶段。唐顺宗永贞元年（805年），日本僧人最澄大师从中国将茶子带回日本，是茶叶传入日本的最早记载。

佛教在唐代时发展到顶峰，僧尼在学佛坐禅时，很少吃饭和睡眠，常依赖于茶叶。禅宗的兴盛使饮茶习惯在上自皇族世家，下至士大夫、文人、百姓中风行。唐朝王室自称是道教李耳的后裔，道教在一个时期内得以大兴。道士、女冠为了修炼达到提神、解乏、保健的目的，常在道观饮茶，这也对饮茶风气产生了一定影响。

除了上述原因，唐代之所以能够在全国范围内形成浓厚的饮茶风气，还与陆羽等人的大力提倡有关。陆羽之前，虽然社会上饮茶的人越来越多，但是没有一本专门介绍茶叶的书，人们对茶叶的历史和现状缺乏应有的了解，许多人还不知道茶叶的性能和饮用方法，至于茶树栽培和茶叶的制作工艺，知道的人就更少。鉴于此，陆羽写成中国也是世界上第一部茶书——《茶经》，第一次较全面地总结了唐代以前有关茶叶诸方面的经验，对种茶、采茶、制茶、茶具选择、煮茶火候、用水以及如何品饮都有详细的论述。

唐五代时期，煮茶法在唐代依然存在，但不普遍，煎茶法是唐代的主流饮茶方式。

煎茶法是从煮茶法演化而来，在本质上属于煮茶法，是一种特殊的末茶煮饮法。末茶在煮饮情况下，茶叶中的内含物在沸水中容易析出，故不需较长时间的煮熬。而且茶叶经长时间的煮熬，其汤色、滋味、香气都会受到影响而不佳。正因如此，对末茶煮饮加以改进，在水二沸时下茶末，三沸时茶便煎成，这样煎煮时间较短，煎出来的茶汤色香味俱佳，于是形成了陆羽式的煎茶。

煎茶法与煮茶法的主要区别有三：其一煎茶法入汤之茶是末茶，而煮茶法用散、末茶皆可。其二，煎茶法于汤二沸时投茶，三沸则止，时间很短；而煮茶法茶入冷、热水皆可，需经较长时间的煮熬。其三，唐代煎茶一般不加佐料，只是加盐调味。

根据《茶经·五之煮》记载，煎饮法的程序有备器、择水、取火、候汤、炙茶、碾罗、煎茶、酌茶、品茶等。

（1）备器。煎茶器具有风炉、茶鍑、茶碾、茶罗、竹夹、茶碗等二十四式，崇尚越窑青瓷和邢窑白瓷茶碗。

（2）择水。"其水，用山水上，江水中，井水下。""其山水，拣乳泉、石池漫流者上。""其江水，取去人远者。井，取汲多者。"

（3）取火。"其火，用炭，次用劲薪（谓桑、桐、枥之类也）。其炭曾经燔炙为膻腻所及，及膏木、败器不用之（膏木为柏、桂、桧也，败器谓朽废器也）"。这是说烤茶的燃料用炭最好，其次是用火力猛的木柴，如桑、桐、枥等类的木柴。像烤过肉、染有膻味和油腻的木炭，或是含有油脂的木柴，如柏、桂、桧之类和朽坏了的木器，都不可用来烤茶。

（4）候汤。陆羽为烧火煮水设计了风炉和茶鍑。风炉形状像古鼎，三足间设三孔，底一孔作通风漏灰用。鍑比釜要小些，宽边、长脐，有两只方形耳。无鍑也可用铛（宽边、盆形锅）代替。《茶经》云：其沸，如鱼目，微有声为一沸；缘边如涌泉连珠为二沸；腾波鼓浪为三沸。已上水老，不可食也。"

（5）炙茶。炙烤茶饼，不要在通风的地方或用余火烤，因为风吹，使火焰骤急，飘忽不定，致使冷热不能均匀。要靠近火烤，同时不断地翻动，等到茶叶烤出像蛤蟆背一样的疙瘩时，然后离火五寸继续烤。如果卷曲的茶饼又伸展开来，则按开始烤茶的方法再烤。待到茶饼变软或透发出香气时趁热放在纸袋里。炙茶的目的一是进一步烘干茶饼，以利于碾末；二是进一步消除残存的青草气，激发茶的香气。

（6）碾罗。隔着纸袋将饼茶用锤敲碎。纸袋既可避免香气散失，又可防止茶块飞溅。然后入碾碾成末，再用罗筛去细末，使碎末大小均匀。《茶经》认为，茶末以米粒般大小为好。

（7）煎茶。水一沸时，加盐调味，不要因为味淡而多加盐。二沸时，舀出一瓢水备用，然后用竹夹在水中搅动形成水涡，使水沸度均匀，用量茶小勺量取茶末，投入水涡中心，再加搅动。过一会，水涛翻滚，这时用先前舀出的备用水倒回去，使开水停沸，生成茶沫。陆羽认为茶汤的精华是茶汤上面的沫饽。薄的叫沫，厚的叫饽，细而轻的叫花。沫就像浮在水边的绿萍，又像散在杯盘里的菊花瓣。饽是指煮茶的渣滓，水一沸腾就有很多白色泡沫重叠积聚于水面，一片纯白状如积雪。花就像枣花在圆形水池上面浮动，像曲折的潭水和凸出的小洲间新生长的青萍，又像晴朗天空中鱼鳞状的浮云。

（8）酌茶。三沸则茶成，先把茶沫上形似黑云母的一层水膜去掉，因为它的味道不正。最先舀出的称"隽永"，是意味深长的意思，也指最好的东西，可放在熟盂里以备育华，而后依次舀出第一、二、三碗，茶味要次于"隽永"，第五碗以后，一般就不可喝了。《茶经·六之饮》云："夫珍鲜馥烈者，其碗数三；次之者，碗数五。"说的是好茶，仅舀出三碗；差些的茶，可舀出五碗。一般煮水一升，可酌分五碗。

（9）品茶。用匏瓢舀茶到碗中，趁热喝，将鲜白的茶沫和咸香的茶汤一起喝下去。这时重浊的物质凝结下沉，精华则浮在上面。茶汤冷了，精华就会随着热气散掉，没有喝完的茶，精华也会散发掉。

陆羽《茶经·九之略》当中说，煎茶法在实际操作过程中，视情况可省略一些程序和器具，如若用散、末茶，或是用新制的饼茶，则只需碾罗而不需炙烤。

三、宋元饮茶法

宋元时期最流行的饮茶法是点茶法，连北方的辽、金两国也受其影响。煎茶法到南宋后期便已无闻，煮茶法主要流行于当时的少数民族地区。

宋代盛行点茶、斗茶、分茶，南宋理宗开庆元年（1259 年），日本僧人南浦昭明到浙江余杭的径山寺求学取经，学习了茶宴礼仪并把茶具传至日本，后经日本茶道创始人千利休改造形成日本茶道。宋徽宗赵佶精于点茶、分茶，公元 1107 年亲撰《大观茶论》，总结点茶法。据《大观茶论》和蔡襄《茶录》等归纳点茶法的程序有：备器、择水、取火、候汤、熁盏、润茶、炙茶、碾罗、点茶、品茶等。

（1）备器。点茶法的主要器具有茶炉、汤瓶、茶匙、茶筅、茶碾、茶磨、茶罗、茶盏等，崇尚建窑黑釉盏。黑釉瓷釉色黑如漆，莹润闪光，条纹细密如丝。因其结晶所显斑点、纹理各异，故分兔毫釉、油滴釉、曜变釉、鹧鸪斑釉、鳝皮釉等品种。兔毫盏为其中珍品，因纹理细密，状如兔毫而得名。它大口小底，形似漏斗，造型凝重，古朴厚实。因其色黑，而衬出茶汤之色白，且可清楚看出咬盏及水痕的情况。因其厚实，预热之，则热难冷，易使茶香散发，所以斗茶者青睐兔毫盏。

（2）择水、取火。择水、取火同煎茶法。

（3）候汤。风炉形如鼎，也有用火盆及其他炉灶代替的。煮水用汤瓶，汤瓶细口、长流、有柄。瓶小易候汤，且点茶注汤有准。掌握点茶用水的滚沸程度，是点茶成败的关键。《茶录 · 候汤》中说“候汤最难，未熟则沫浮，过熟则茶沉”。

（4）熁盏。点茶前先熁盏，即用火烤盏或用沸水烫盏，盏冷则茶沫不浮。

（5）润茶。用热水浸泡团茶，去其尘垢、冷气，并刮去表面的油膏。

（6）炙茶。用微火将团茶炙干，若当年新茶，不需炙烤。

（7）碾罗。炙烤好的茶隔着纸袋捶碎，然后入碾碾碎，继之用磨（硙、磑）磨成粉，再用罗筛去末。若是散、末茶则直接碾、磨、罗，不用洗、炙。煎茶用茶末，点茶则用茶粉。

（8）点茶。点茶一般是在茶盏里直接点，不加任何作料，用茶匙抄茶入盏，先注少许水调至均匀，谓之“调膏”。继之量茶受汤，边注汤边用茶筅“击拂”。“乳雾汹涌，溢盏而起，周回凝而不动，谓之咬盏。”“视其面色鲜白，着盏无水痕为佳，建安斗试以水痕先者为负，耐久者为胜。”茶之色以纯白为上，青白次之，灰白、黄白又次。斗茶则以水痕先出者为负，耐久者为胜。茶汤在盏中以四至六分为宜，茶少汤多则云脚散，汤少茶多则粥面聚。

（9）品茶。直接持盏饮用。若人多，也可在大茶瓯中点好茶，再分到小茶盏里品饮。

四、明清饮茶法

明代，饮茶发生了具有划时代意义的变革。随着茶叶加工方法的简化，茶的品饮方式也走向简单化，明太祖朱元璋下令贡茶改制就是原因之一，穷工极巧的饼茶被散茶所代替，唐煎宋点也变革成用沸水冲泡的瀹饮法。

最早提倡饮茶方式从简，并且在实际操作上改革传统茶具和茶艺的是明朝的宁王朱权。朱权的"崇新改易"主要体现在对于点茶、煎汤的具体要求，比起宋人烦琐的程序更简单。

明朝前期煎点法仍是主流，直到明末清初瀹饮法才成为品饮的主要方式。点茶法本质上属泡茶法，是一种特殊的泡茶法，即粉茶的冲泡。点茶法与泡茶法的最大区别在于点茶需调膏、击拂，而泡茶法则不用，直接用沸水冲泡。在点茶法中，略去调膏、击拂，便成了粉茶的冲泡，将粉茶改为散茶，就形成了瀹饮法。

（一）瀹饮法

瀹饮法（泡茶法）的大致程序有：备器、择水、取火、候汤、洁盏（杯）、润茶、冲泡、品饮等程序。在明朝使用无盖的盏、瓯来泡茶；清代在宫廷和一些地方采用有盖有托的盖碗冲泡，便于保温、端接和品饮。

（1）备器、择水、取火、候汤同点茶法。

（2）洁盏（杯）。利用上品泉水洗涤茶具。

（3）润茶。以热水浸润茶叶，水不可滚，滚则一洗无余味矣，以竹筋夹茶于涤器中，反复涤荡，去除尘土、黄叶和老梗。

（4）冲泡。将茶叶搦干置涤器内，取沸水冲泡。

（5）品饮。茶汤应香、色、味俱全。味以甘润为上，苦涩为下。茶自有真香、真色、真味。

明朝田艺蘅在《煮泉小品》"宜茶"条中记："芽茶以火作者为次，生晒者为上，亦更近自然……生晒茶瀹于瓯中，则枪旗舒畅，青翠鲜明，方为可爱。"是说以生晒的芽茶在茶瓯中冲泡，芽叶舒展，翠绿鲜明，甚是可爱。这是关于散茶在瓯盏中冲泡的最早记录。田艺蘅为钱塘（今浙江杭州）人，由此看来，杯盏泡茶可能是浙江杭州一带人的发明。同为钱塘人的陈师《茶考》亦记："杭俗烹茶，用细茗置茶瓯，以沸汤点之，名为撮泡。北客多哂之，予亦不满。"是说这种用香茗置茶瓯以沸水冲泡的方法又称"撮泡"，即撮茶入瓯而泡，是杭州的习俗。

（二）壶泡法

随着冲泡散茶的兴起，茶具中出现了茶壶，明朝张源《茶录》，许次纾《茶疏》等书对壶泡法的记述尤详，壶泡法的形成当在明朝正德至万历年间。因壶泡法的兴起与宜兴紫砂壶的兴起同步，壶泡法可能是苏吴一带人的发明。

壶泡茶法的大致程序有：备器、择水、取火、候汤、泡茶、酌茶、品茶等。

（1）备器。泡茶法的主要器具有茶炉、茶铫、茶壶、茶盏等，崇尚景德镇白瓷茶盏。

（2）择水、取火。择水、取火同煎茶、点茶法。

（3）候汤。《茶疏》中说："水一入铫，便须急煮。"张源《茶录》记载"烹茶要旨，火候为先。炉火通红，茶瓢始上。扇起要轻疾，待有声稍稍重疾，斯文武之候也。""汤有三大辨十五小辨。一曰形辨，二曰声辨，三曰气辨。形为内辨，声为外辨，气为捷辨。如虾眼、蟹眼、鱼眼、连珠皆为萌汤，直至涌沸如腾波鼓浪，水气全消，方是纯熟；如初声、转声、振声、骤声皆为萌汤，直至无声，方是纯熟；如气浮一缕、二缕、三四缕，及缕乱不分、氤氲乱绕，皆是萌汤，直至气直冲贯，方是纯熟"。

（4）泡茶。探汤纯熟便取起，先注少许入壶中祛荡冷气，然后倾出。量壶投茶，有上、中、下三种投法。先汤后茶谓上投；先茶后汤谓下投；汤半下茶，复以汤满谓中投。茶壶以小为贵，小则香气氤氲，大则易于散漫。若独自斟，壶愈小愈佳。

（5）酌茶。一只壶常配四只左右的茶杯，一壶之茶，一般只能分两三次。杯、盏以雪白为上，蓝白次之。

（6）品茶。饮不宜迟，旋注旋饮。

明清的泡茶法继承了宋代点茶的清饮，不加佐料，但明朝人喜欢在壶中加花蕾与茶同泡。

总而言之，煮茶法、煎茶法、点茶法、泡茶法在中国不同时期各领风骚，汉魏六朝尚煮茶法，唐五代尚煎茶法，宋元尚点茶法，明清以来尚泡茶法。

五、当代饮茶法

当代饮茶呈现多元化，根据冲泡方式不同主要有泡茶法、煮茶法、点茶法。根据是否添加佐料有清饮法和调饮法。根据冲泡水温不同可分为热饮和冷饮。根据包装方式不同有原叶茶、紧压茶、袋泡茶、罐装茶等。

近些年来，为进一步提高茶叶经济效益，拓展茶叶消费途径，适应人们口味多样性的追求，还出现了低咖啡碱茶、γ-氨基丁酸茶、茶花茶、超微茶粉及其他新型茶产品。

课堂任务 3　中国茶文化精神

目前通常讲到的茶文化有广义和狭义之分。广义茶文化是指人类社会在历史实践过程中所创造的与种茶、制茶以及饮茶有关的物质财富和精神财富的总和。它包括茶艺、茶道、茶礼、茶器以及与茶有关的众多文化现象。狭义茶文化主要指与饮茶有关的文化现象，也就是精神财富部分。

一、茶文化的层次

茶文化是茶艺的内涵体现，是茶与中国社会各个阶段、各个层面相结合，是经过数千年发展演变而形成的独特文化模式和规范，是多民族、多社会结构、多层次的文化整合系统。

从结构上来看，中国的茶文化包括四个层次：物态文化、制度文化、行为文化、心态文化。

物态文化层次是指人们从事茶叶生产的活动方式及其成果的总和，即有关茶叶的栽培、制造、加工、保存、成分、疗效，以及饮茶所用的茶具、水、茶室、桌椅等有形的生产劳动的过程、产品、物品、建筑物等。

制度文化层次是指人们在从事茶叶生产、经营、消费过程中所形成的社会行为规范的总和。如国家对茶叶生产、经营的管理制度及措施，促进茶叶发展的各种办法等。我国宋代到清代，为了控制对西北少数民族地区的茶叶供应，设立了茶马司，用以控制茶马贸易，以达到"以茶治边"的目的。

行为文化层次是指人们在茶叶生产、经营、消费过程中逐渐形成的行为模式总和，通常以茶礼、茶俗、茶艺等形式表现出来。客来敬茶是我国的传统礼节，表明了主人的热情好客；千里寄茶表现出对亲人、对故乡的思念，体现了浓浓的亲情；旧时行聘以茶为礼，称为"茶礼"，送茶礼叫"下茶"，"一女不吃两家茶"，即是说一旦女家收了茶礼，便不再接受别家的聘礼。我国各民族、各地区在长期饮茶的过程中，结合地域特点及民族习惯，形成了各具特色的饮茶方式和特点，从而使中国茶艺的大观园百花齐放，争奇斗艳。

心态文化层次是指人们在长期进行茶叶生产、经营、品饮及茶艺活动的过程中，逐渐形成的价值观念、审美情趣、思维方式等主观因素的总和。它是茶文化的最高层次，也是茶文化的核心部分。如反映茶叶生产、茶区生活、饮茶情趣的诗词歌赋等文艺作品；将品茶与人生的处世哲学相结合，在品茶的过程中感悟人生，追求品饮的艺术享受和艺术价值，把饮茶上升到哲理的高度，形成的茶德、茶道等。

二、茶文化的性质

茶文化具有自然属性和社会属性，即围绕茶及利用它所产生的一系列物质、精神、习俗、心理、行为的现象，具有以下五种特性：

（一）历史性

茶文化是历史的产物，具有不同历史时期的属性和标记。茶文化的形成和发展，历史悠久，在形成和发展中，融入了儒家思想、道家和释家的哲学色彩，并演变为各民族的礼俗，成为优秀传统文化的组成部分和独具特色的一种文化模式。

（二）时代性

茶文化是紧随时代发展而变化的，体现出时代的风尚与特色。新时期的现代科学技术、新型传播方式、物质文明和精神文明建设的发展，给茶文化注入了新的内涵和活力，茶文化内涵及表现形式在不断扩大、延伸、创新和发展。

（三）民族性

每个国家、每个民族，都有自己特有的历史文化个性，并通过特有的生

活、心理、习惯加以表现出来，这就是茶文化的民族性。

中国本身就是一个多民族的国家，多个民族都有自己多姿多彩的茶俗，像蒙古族的咸奶茶、苗族和侗族的打油茶、纳西族的"龙虎斗"、白族的三道茶、傣族的竹筒茶、藏族的酥油茶、布朗族的酸茶等。尽管各民族的茶俗有所不同，但按照中国的习惯，凡有客人进门，主人敬茶是少不了的，不敬茶往往会被认为是不礼貌的。再从世界范围看，各国的茶艺、茶道、茶礼、茶俗，既有民族性，又有统一性，所以说茶文化是民族的，也是世界的。

（四）地域性

茶文化在不同的地域，具有不同的特色与风貌，与当地的地理环境、历史文化、社会生活密切相关。就像单丛之于潮汕，龙井之于杭州，普洱之于云南，老北京人爱喝茉莉花茶等。

（五）国际性

国际性是指茶文化在国际的地位与关系。据不完全统计，世界上有160多个国家与地区，30多亿人饮用茶叶。一方面，中国茶叶与茶文化传播到世界各地；另一方面，世界上许多国家与地区饮用茶叶，形成了自身独特的饮茶风俗与茶文化，像日本茶道、韩国茶礼、英式下午茶等。2019年11月，联合国大会第74届会议通过，将每年5月21日定为"国际茶日"，自此全世界拥有了一个属于爱茶人的节日。

三、茶文化的内容

中国茶文化的产生有着特殊的环境与土壤。它不仅有悠久的历史，而且渗透着中华民族传统文化的精华，是中国人的一种特殊创造。

茶在中国，不同于水、浆等仅为解渴之物，它作为一种传统的饮品和独特的文化载体，已广泛渗透于中国传统哲学、民俗、美学、文学、历史、宗教与文化传播之中，也构成了物质与价值、精神与哲理互相联系与印证的桥梁。

中国人用智慧创造了一套完整的茶文化体系，其中包含的儒、释、道各家思想精髓，将茶的物质形式与道德、礼仪巧妙地结合起来。

（一）茶文化的重点是茶艺

茶文化的立足点是基于喝一杯茶，各项茶文化活动均以茶艺为载体展开和延伸。茶艺指的是茶的冲泡技艺和品饮艺术。茶的冲泡技艺包括茶叶识别、茶具选择、泡茶用水选择、冲泡流程等；品饮艺术包括对茶汤的品饮、鉴赏，茶具、茶席欣赏等。饮茶的技巧不仅指个人独饮，还包括以茶待客的基本技巧。

茶艺源于技巧又高于技巧。泡茶的艺术之美是泡茶者仪表美和心灵美的统一，饮茶和待客同样也要讲究艺术，讲究心灵的沟通。

中国茶艺主要表现为三种形态：一是生活型茶艺，以提高生活品位或健康养生等为目的；二是经营型茶艺，在营业场所根据宾客需求提供不同茶品冲泡的茶事服务；三是演示型茶艺，为了茶文化活动和茶艺传播需要，专门编创带有主题的茶艺演示，唐代陆羽、常伯熊是演示型茶艺的先驱者。

（二）茶文化的核心是茶道

茶道是茶文化的核心，是茶文化的灵魂，是指导茶事活动的最高准则。中国茶道基于儒家的治世机缘，倚于佛家的淡泊节操，洋溢着道家的浪漫理想，借品茗倡导静、和、雅的茶道精神。最早提出"茶道"二字的是唐代诗僧皎然，他在《饮茶歌诮崔石使君》中提到"孰知茶道全尔真，唯有丹丘得如此"。现代茶业的奠基人吴觉农先生认为：茶道是"把茶视为珍贵、高尚的饮料，饮茶是一种精神上的享受，是一种艺术，或是一种修身养性的手段"。陈文华先生在《中国茶道学》中以"静、和、雅"三字概括中国茶道本质特征。著名学者周作人先生对茶道的理解是："茶道的意思，用平凡的话来说，可以称作为忙里偷闲，苦中作乐，在不完全现实中享受一点美与和谐，在刹那间体会永久。"

余悦先生将茶道概括为"中和之道、自然之性、清雅之美、明伦之礼"。认为中国茶道精神特点主要表现在四个方面：

一为中和之道。"中和"为中庸之道的主要内涵。儒家认为以和为贵，则天地万物均能各得其所，达到和谐境界。人的生理与心理、心理与伦理、内在与外在、个体与群体都达到高度和谐统一，是古人追求的理想。

二为自然之性。"自然"一词最早见于《老子》："人法地，地法天，天法道，道法自然。"自然是生命的体现，尊重自然就是尊重生命。

三为清雅之美。"清"可指物质的环境，也可以指人格的清高。清高之人于清净之境饮的清清茶汤，茶道之意也就呼之欲出了。"雅"可以雅俗并称，有"高雅""文雅"等多种意义。环境要雅、茶具要雅、茶客要雅、饮茶方式要雅，无雅则无茶艺、无茶文化，自然也就达不到茶道的境界。

四为明伦之礼。礼仪作为一种人类形式化的行为体系，可追溯到原始社会。历代封建统治者以"礼仪以为纪"维系社会专制秩序的基本制度和规则，而"非礼勿视、非礼勿听、非礼勿言、非礼勿动"成为社会成员之间的交往规则。

还有诸多茶人对茶道有不同的诠释和理解，这里不一一列举了。每个人对生活的领悟不同，对茶道的理解也不尽相同，这也许就是中国茶的包容性，中国茶道的魅力所在吧！

（三）茶文化的基石是茶俗

茶俗是在长期社会生活中，逐渐形成的以茶为主题或以茶为媒介的风俗、习惯、礼仪，是一定社会政治、经济、文化形态下的产物，随着社会形态的演变而变化。

茶俗的类型划分，从不同角度出发，有不同的类别呈现。以民族划分，许多民族都有各具民族特色的茶俗，像蒙古族订婚、说亲都要带茶叶表示爱情珍贵；回族订婚时，男方给女方的礼品都是茶叶，称订婚为"定茶"。以地域划分，可以分为东南、西南、东北、西北和中原五大板块，每一板块又可分出若干茶俗区，像四川独有的长嘴壶茶艺文化，因为成都地区流行盖碗茶，又偏爱饮绿茶、花茶，这两款茶冲泡水温一般是 80℃~90℃的水温，而长嘴壶的壶嘴较长又是铜质，沸水从壶嘴到盖碗，散热后水温刚好，这样冲泡出来的茶香润可口，饮茶人又享受到长嘴壶茶艺的视觉美感。

（四）茶道、茶艺、茶俗的关系

茶道、茶艺、茶俗三者的关系，是相互融合的。茶道是以修行得道为宗旨的饮茶艺术，包含茶艺、礼法、环境、修行四大要素。茶艺是茶道的基础，是茶道的必要条件。"无茶不成俗，无茶不为敬"，说的正是茶在民俗中的必要性。

茶道以茶艺为载体，依存于茶艺。茶艺重点在"艺"，重在泡茶和品茶的技艺；茶道的重点在"道"，旨在通过茶艺修身养性、参悟大道。茶俗是融入百姓日常生活的必需品，开门七件事：柴米油盐酱醋茶。

喝茶是将茶当饮料解渴。品茶注重茶的色香味，讲究水质、茶具、环境等，喝的时候细细品味。茶艺讲究环境、气氛、音乐、冲泡技巧及人际关系等。茶道是在茶事活动中融入哲理、伦理、道德，通过品茗来修身养性、品味人生，达到精神上的高度享受。

四、茶文化的社会功能

唐代刘贞亮在《饮茶十德》中将茶之功效归纳为十项：以茶散郁气，以茶驱睡气，以茶养生气，以茶除病气，以茶利礼仁，以茶表敬意，以茶尝滋味，以茶养身体，以茶可行道，以茶可雅志。其中"散郁气""驱睡气""养生气""除病气""尝滋味""养身体"诸项，是属于饮茶满足人们生理需求和保健作用等方面的功能，而"利礼仁""表敬意""可行道""可雅志"则是属于茶文化的主要社会功能。据此可以将茶文化的社会功能概括为"以茶雅志""以茶敬客""以茶行道"三个方面。

（一）以茶雅志，陶冶个人情操

早在唐代，裴汶在《茶述》中就指出：茶叶"其性精清，其味淡洁，其用涤烦，其功致和"。宋徽宗赵佶在《大观茶论》中也说："至若茶之为物，擅瓯闽之秀气，钟山川之灵禀，祛襟涤滞，致清导和，则非庸人孺子之可得知矣；冲淡闲洁，韵高致静，则非遑遽之时可得而好尚矣。"都认为茶之特性是清、和、淡、洁。饮茶之功效是"祛襟涤滞，致清导和""冲淡闲洁，韵高致静"。茶文化专家在概括中国茶道精神时所倡导的"清""寂""廉""美""静""俭""洁""性"等，都是侧重个人的修身养性。因此饮茶就成为励志、怡情、养廉的一种手段。历代茶人讲究茶叶本身的特性和内在的韵味，把深层的文化素质与人格熏陶作为修身之本。品茶有益于人们的身体健康，又可使人潜移默化地受到传统文化的熏陶，起到提高修养、陶冶情操、净化心灵的积极作用。

（二）以茶敬客，协调人际关系

自唐代以后，饮茶受到社会各阶层的喜爱，在日常生活中，以茶待客，客来敬茶，已成为中华民族的优良传统。唐代颜真卿有"泛花邀坐客，代饮引情言"的诗句，宋代杜耒有"寒夜客来茶当酒，竹炉汤沸火初红"的诗句，郑清的"一杯春露暂留客，两腋清风几欲仙"，都是描写以茶待客的名句。其中尤以"寒夜客来茶当酒"一句，几乎成为人们的口头语了。在生活中，茶已成为友好、和睦的象征。客来敬茶是以茶示礼；朋友相聚，品茶叙旧，可以增进友谊；向长辈敬茶，表示尊重；邻里纠纷，献上一杯茶，可化解矛盾，促进团结。中国茶道精神中所倡导的"廉""美""和""静"等，都是侧重于人际关系的调整，要求和诚处世，敬人爱民，友好睦邻，促进人与人之间的和谐友爱。

（三）以茶行道，净化社会风气

在当今现实生活中，文化的交融，思想的碰撞，外来文化的影响，人们生活节奏加快、压力增大。中国茶道精神中所提倡的"静""和""雅""廉""敬""美"等具有平和、雅致的精神内涵，会使人们的心情趋于淡泊宁静，可以调节生活节奏、缓解心理压力。茶道精神中的"和""敬"精神，提倡和诚处世、相互尊重、相互关心的新型人际关系，必然有利于社会风气的净化。所以普及茶文化、宣扬茶道精神，对于建设有中国特色的社会主义先进文化、构建和谐社会有着积极意义。

课堂任务4　中外饮茶风俗

饮茶风俗即茶俗，它是在长期社会生活中逐渐形成的以茶为主题或以茶为媒介的风俗、习惯、礼仪，是一定社会政治、经济、文化形态的产物。

一、中国茶俗

（一）爱伲人的烘烤茶

居住在西双版纳的爱伲人种茶、饮茶的历史已超过千年。每年春茶发新芽的季节，居住在西双版纳勐海县南糯山的爱伲人都会过传统的洪西节。洪西是哈尼语，意思是感谢上苍给人类带来茶叶、谷子等农作物，祝福大地万物复苏，祝福人间五谷丰登，洪西节中最重要的一项活动就是以茶祭拜祖先和家神以及大自然。南糯山的哈尼族认为茶叶是祖先留给后人的财富，是大自然对人间的恩赐，因此在洪西节这天，爱伲人都要在山上采摘刚刚吐绿的新茶，虔诚地供献给祖先和福泽人间的大自然。

爱伲人称茶为"诺博"，其中诺是茶的意思，而博则是祭拜之意，这说明茶在爱伲人最早的认识中是祭拜用的神物，以茶祭祀是爱伲人的传统习俗。爱伲人喜欢喝烘烤茶，他们把采摘回来的鲜茶叶放到竹夹里，然后在火塘上进行烘烤，当茶叶烘烤到半干的时候，放到青竹筒里去煮，当水烧开后，就可以倒出来饮用了。这种经过烘烤和青竹筒煮出来的茶水，汤色绿中带黄，虽然茶味不浓，喝起来却十分爽口，清香而甘洌。

（二）布朗族的酸茶

布朗族是古代濮人的后裔，濮人是云南最早种植茶树的民族。布朗族有吃"酸茶"习俗，他们把采摘回来的鲜茶叶经过杀青、揉搓后塞进砍回来的青竹筒里压紧，然后盖上一层芭蕉叶，再敷上一层土，一切程序完工之后，把竹筒茶掩埋在自家的院子里，埋上十天半月后，就可以挖出来享用了。布朗族吃酸茶一般都带到山上劳动时吃，也可以在家里火塘旁吃，在燃烧的火塘前，男女老少围在一起，边闲谈边取出酸茶慢慢嚼食，既温馨浪漫，又别具风情。布朗族不但好饮茶，还将茶作为礼品和姑娘出嫁时的陪嫁品。

（三）傣族的竹筒茶

生活在西双版纳的少数民族都喜欢喝竹筒茶，竹筒茶的制作各具特点，各有千秋。傣族竹筒茶的制作比爱伲人的竹筒茶要多一些工序，他们首先把制作好的晒青毛茶塞进准备好的竹筒里，然后用棒槌捣紧，接着再把竹筒茶放到火塘烧烤。烧烤竹筒茶讲究时间的把握，既不能烧得太过，也不能烧得太短。当竹筒茶烧好后，再用刀把竹筒剖开，然后取上一点烧烤后的茶，放到土钵里烧煮。这样烧出来的竹筒茶清香四溢。傣族饮茶历史也相当悠久，根据傣族佛经贝叶经记载，早在傣历 204 年以前，傣族就开始种茶，迄今已有一千多年的历史。

（四）基诺族的凉拌茶

基诺族古称攸乐，是西双版纳独有的少数民族。基诺族主要居住在古代六大茶山的攸乐山，因为有悠久的种茶历史，因而在种茶、饮茶等方面也有独到之处。在过去，基诺族有祭茶神的习俗，现在仍保留着祭茶虫、吃凉拌茶等风俗。每年春茶发芽之际，基诺人都要带上鸡、鸡蛋等祭品，祭拜茶神，到了5月份，村寨还要统一祭拜茶虫，祈求消灾灭难，祝福茶叶兴旺。基诺族最具特色的是把茶当菜吃，这就是基诺族的传统习俗吃"凉拌茶"。制作凉拌茶首先要准备一个竹子做的长方形槽海，将鲜茶叶在手掌上揉搓后放进槽海，然后撒上盐、辣椒、姜、蒜等佐料，再加上备好的凉开水，用筷子或竹勺搅匀。如果有条件的话，再加入山上长的一种酸野果，这样制作出的凉拌茶味道会更加特别，凉拌茶汤酸中带涩，苦中有微甜，品尝后口留余香，而且特别开胃。凉拌茶还有一个特点，它既可消毒止泻，又可以清除异味，因此这一习俗一直传承到现在。

（五）拉祜族的火爆茶

拉祜族饮茶也很讲究，平日里他们喝的是一般的冲泡茶，一旦有贵客临门，他们就要喝精心烧制的火爆茶。火爆茶的制作十分特别，首先要把开水烧上，把空茶罐烧得滚烫甚至发红，然后用一个瓷碗把备好的茶在火炭上热炒，等到茶罐烧到一定火候时，把炒好的热茶放到空空的茶罐里，紧接着把滚烫的开水朝着茶罐往下倒，茶水发出噼啪的爆炸声。制作火爆茶讲究火候和茶技，不同的人烧出的茶水味道也不一样。

（六）白族的三道茶

聚居在苍山之麓、洱海之滨的白族招待宾客用著名的三道茶。三道茶即主人依次向宾客敬献的苦茶、甜茶、回味茶。第一道茶为苦茶。先将烤茶用的小砂罐放在炭上预热，放入适量的云南名茶，如苍山雪绿或沱茶等。用手不停地抖动砂罐，待茶叶的颜色呈微黄并散发出焦香味时，立即冲入沸水，然后斟入小茶盏，敬献给客人。这道茶具有绿茶的醇味、苦味，故曰苦茶。苦茶香味浓郁，饮后使人口齿生香，精神为之一振，纯真的茶味体现了白族人民质朴、自然的精神风貌。

第二道茶为甜茶，用料讲究，制作复杂。在带茶托的小茶碗内放入生姜片、红糖、白糖、蜂乳、炒热的白芝麻、切得极薄形如蝶翅般的熟核桃仁片，再加上从牛奶里提炼熬制出来又经烘烤切细的乳扇，注入开水即成甜茶。饮用时需以汤匙相助，边嚼边饮，或以橄榄、菠萝等茶点相佐。这道茶香甜可口、营养丰富，体现出白族人民的深情厚谊。

第三道为回味茶。先将桂皮、花椒、生姜片放入水里煮，将煮出的汁液放入杯内，饮下后顿觉香甜苦辣四味俱全，让人回味无穷、感慨万千。这道茶能祛除湿气，有助于身体健康。

这几道茶口味各不相同，使人联想到人生的先苦后甜、苦尽甘来，蕴含着无限深邃的人生哲理，引人深思。白族三道茶不仅是白族人民日常生活所需的一部分，而且是逢年过节、结婚喜庆、宾客来访时必不可少的礼仪之一。

（七）纳西族的盐巴茶和龙虎斗

纳西族主要聚居在丽江纳西族自治县和中甸、维西、宁蒗等地，历史悠久，与古代的游牧民族氏羌支系有渊源。在长期的历史发展过程中，纳西人创造了自己的"东巴文化"。纳西族传统节日有正月"农具会"、三月"龙王庙会"和七月"骡马会"，这些集会通常是人们交流生产经验和交往的场所。天、地、山、水、风、火等自然现象和自然物都被纳西族视为神灵。

盐巴茶是生活在滇西北丽江一带的纳西族、普米族、傈僳族、苗族、怒族等少数民族同胞常喝的茶。他们之间流传着这样的饮茶谚言："早茶一盅，一天威风；午茶一盅，劳动轻松；晚茶一盅，提神去痛；一日三盅，雷打不动。"

盐巴茶的制法是先将特制的容量约 200~400 毫升的小瓦罐洗净放在火塘上烤烫，然后抓 5 克左右青毛茶放入罐内烤香，再把开水冲入瓦罐，瓦罐内的水马上沸腾起来并泛起泡沫，这时迅速将水倒掉，再冲入开水至满，待水再沸腾时加入适量盐巴，用筷子搅拌几圈，拿起茶罐，将茶汁倒入茶盅，一般只倒至茶盅的一半，再加入开水冲淡后即可饮用。饮盐巴茶一般是边煨、边饮、边闲聊，一罐茶可熬三四道。

"龙虎斗"的纳西语叫"阿吉勒烤"，是一种富有传奇色彩的饮茶方式。首先将茶放在小土陶罐中烘烤，待茶焦黄后注入开水熬煮，像熬中药一样，熬得浓浓的。另在茶杯内盛上小半杯白酒，然后将熬煮好的茶水冲进盛酒的茶杯内，顿时发出悦耳的响声。纳西族人把这种响声看作吉祥的象征，响声越大，

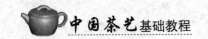

在场的人越高兴。此茶泡好后，茶香四溢，有的还在茶水里加上一个辣椒，以此待客，也用来治疗感冒。喝上一杯龙虎斗后，周身出汗，睡一觉后就感到头不昏，浑身有力，感冒就好了。

（八）藏族的酥油茶

藏族主要分布在中国西藏，云南、四川、青海、甘肃等省的部分地区也有居住。西藏地势高，空气稀薄，气候高寒干燥，当地蔬菜瓜果很少，常年以奶、肉、糌粑为主食。因此，人体不可缺少的维生素等营养成分主要靠茶叶来补充。"其腥肉之食，非茶不消；青稞之热，非茶不解"。茶成了当地人们补充营养的主要来源，喝酥油茶如同吃饭一样重要。

制作酥油茶时，将砖茶捣碎，放入锅内，加水煮沸，熬成茶汁后，倒入木制或铜制的茶桶内，然后加适量的酥油和少量鲜奶，搅拌成乳状即成。饮时倒入锅内或茶壶内，放在火炉上烧热、保温。想喝时倒上一碗，随取随饮，十分方便。也可与糌粑混合成团，与茶共饮。

喝酥油茶很讲究礼节，宾客进门入座后，主妇很有礼貌按辈分大小，先长后幼，向宾客一一倒上酥油茶，再热情地邀请大家用茶。按当地习惯，宾客喝酥油茶时，不能端碗一喝而光，否则被认为是不礼貌的。一般喝一碗茶都要留下少许，看作是对主妇打茶手艺不凡的一种赞许，如客人不想再喝了，要等主人添满，放在一边，告辞时再一饮而尽，这才不至于失礼。

（九）客家的擂茶

擂茶流行于我国南方客家人聚居地，是客家人的传统饮茶习俗。擂茶是将茶叶、生姜、生米仁研磨配制后，加水烹煮而成，所以又名三生汤。擂茶不仅味浓色佳，而且能提神去腻、清心明目、健脾养胃、滋补益寿。擂茶对客家人来说既是解渴的饮料，又是健身的良药。客家人作为我国汉族的一个重要支系，广泛分布于湖南、湖北、江西、福建、广西、四川、贵州等地。不同地区的擂茶，制法也不尽相同。各种擂茶除"三生"原料外，其他作料都各不相同，有加花生的，有加玉米的，还有加白糖或食盐的。擂茶是我国绚丽多姿的茶文化百花园中的一朵奇葩，是我国古代饮茶风俗习惯的延续。

（十）侗族的打油茶

打油茶又称煮油茶，在广西、湖南、贵州及其毗邻地区流传颇广，尤其在广西恭城的侗族聚居地非常普遍。侗族人喜爱这种饮料，一日三餐都少不了。在侗家，每天都要打三次油茶。早上浓雾笼罩着侗家村寨时，主妇早已起床烧火，不到一袋烟的工夫，香喷喷的油茶味即传至村外。中午劳动回来，喝上几碗油茶或吃完油茶泡饭再出工。到了傍晚收工回家又吃一餐油茶，再到鼓楼里去闲聊片刻，9点钟才回家吃夜饭。如果吃到一半又有客人进屋，主妇立即重新打起油茶款待客人。

打油茶的用具很简单，有一个炒锅，一把竹篾编的茶滤和一只汤勺。用料一般有茶油、茶叶、阴米（将糯米蒸熟晒干）、花生仁、黄豆、葱花，还备有糯米汤圆、白糍粑、虾仁、鱼仔、猪肝、粉肠等。待用料配齐后，就可架锅生火打油茶了。打油茶有五道程序。一是选茶，通常有两种茶可供选用，经专门烘炒的末茶和刚从茶树上采下的幼嫩新梢，这可根据各人口味而定。二是选料，打油茶用料通常有阴米、花生米、玉米花、黄豆、芝麻、糍粑、笋干等，架锅生火，把油放入锅里待发出热气后即放入阴米，边放边捞出，动作稍慢阴米就会黑焦变苦，只有阴米成黄白色的米花状才算最佳。阴米炸好后，再炸糍粑，炒花生、黄豆，煮熟猪肝、粉肠、虾公和鱼子等配料，并分别将其均匀地盛放到客人碗中。三是煮茶，把茶油倒入热锅，放一把阴米炒到冒烟，嗅出焦味时，把茶叶拌着焦米一起炒，待焦米冒出丝丝青烟时，倒入清水加少量食盐同煮，就煮成了油茶水。四是配茶，用汤勺将沸茶水倒入装有各种配料的碗中，又香、又爽、又鲜的油茶就打好了。五是吃茶，由于油茶碗内加有许多食料，因此，还得筷子相助。吃油茶时，客人为了表示对主人热情好客的回敬，赞美油茶的鲜美可口，称道主人的手艺不凡，总是边喝、边啜、边嚼，在口中发出"啧、啧"声响，还赞不绝口。

（十一）奶茶

维吾尔族奶茶的做法是先取适量的砖茶劈开敲碎，放入锅中，加清水煮沸。然后放入鲜牛奶或已经熬好的带奶皮的牛奶，奶量为茶汤的1/5~1/4最佳，再加入适量的盐，接着煮沸10分钟即可。边喝边吃馕饼（用小麦做的一种大小厚薄不一的圆形饼）。北疆伊犁等地的妇女有吃茶的习惯，在喝完奶茶的液

体后，会将沉在壶底的茶渣和奶皮一起嚼食掉。

新疆哈萨克族聚居地区也饮奶茶，其奶茶的制法与维吾尔族的稍有不同，他们将砖茶捣碎后放入壶中加水煮沸，然后另取一只壶烧开水，加入牛、羊奶和盐，再将熬好的茶水兑入饮用。

熬制蒙古奶茶时，要先将青砖茶用砍刀劈开，放在石臼内捣碎后，置于碗中用清水浸泡。以干牛粪为燃料将灶火生起，架锅烧水，水必须是新打上来的水，否则口感不好。水烧开后，倒入另一锅，将清水泡过的茶叶也倒入，用文火再熬3分钟，放入几勺鲜奶和少量食盐，锅开后即可用勺舀入各茶碗中饮用。如果水质较软，还要放一点纯碱入内，增加茶的浓度，使之更加有味。火候的掌握十分重要，文火最佳。燃料干牛粪必须要干透才行，不能使用发霉变质的，以免烟会窜入茶叶中影响茶味。

遇到节日或较隆重的场合，奶茶的配料会增多，制作也变得更加复杂。事先要预备好砖茶碎末、食盐、小米、牛奶、奶皮子、黄油渣、稀奶油、黄油、羊尾油等配料，烧开水倒入茶叶熬成茶汁，再滤出茶叶渣，留下茶汁。将另一口锅置于火上烧热，用切碎的羊尾油烧锅，将少量茶汁倒入烧开，再加入一勺小米，煮开后将剩余所有茶汁倒入锅中，沸后放一把炒米和少许黄油。最后将其他配料如牛奶、奶油、奶皮子、黄油渣等混在一起放入专用的搅茶桶中搅拌，直到从混合物中分离出一层油为止，然后全部倒入滚开的茶水锅中搅拌均匀，这样一锅飘溢着浓浓奶茶味的高档奶茶就熬好了。

（十二）回族的盖碗茶

俗话说，回族家中三件宝：汤瓶、盖碗茶、白孝帽。宁夏回族人有喝盖碗茶的传统习俗，盖碗茶以茶具命名。盖碗俗称盖碗子、盖碗盅，一套完整的盖碗茶具由托盘、茶碗、碗盖三件组成。茶碗是用来冲泡茶水的，底小口大，外沿略向外张开。托盘是用来托茶碗的，又称茶托、茶船。碗盖，略小于碗口，可严密地扣在茶碗中，且能保温保味，使泡出来的茶不走味儿。茶具上绘有山水相间的图案或清真之类的阿拉伯文，一般不绘人和动物图像。整套茶具精巧玲珑，清雅素净，极具欣赏价值。一般回族喜欢用宁夏古嘴山出产的质地细白的陶瓷茶具，用这种盖碗茶具泡出来的茶，茶味醇正，色鲜甘爽，使人回味无穷。回族喝盖碗茶的习俗与他们的生活习俗有关。回族喜吃牛、羊肉，粗纤维的牛、羊肉不易消化，而热性的盖碗茶有消食、化痰等功能。从科学饮食的观点看，盖碗茶的确有助兴除倦、消食活血补虚、益气健脾、强身补肾、明目清心、减肥增寿等功能。

盖碗茶所用茶叶多用陕青、茉莉、龙井等细茶。夏季用青茶，冬季则用红茶。盖碗茶的一大特点是所用配料花样繁多。配料有白糖或红糖、花生仁、芝麻、红枣、桃仁、柿饼、果干、葡萄干、枸杞、桂圆肉等。花生仁、芝麻是事先炒熟的，如果讲究一些，红枣也要事先用炭火烤焦，称焦枣。这种配料齐全的称为八宝盖碗茶。其他如用陕青茶、白糖、柿饼、红枣沏泡而成的叫白四品盖碗；用砖茶、红糖、红枣、果干沏成的叫红四品盖碗；用云南沱茶、冰糖沏成的叫冰糖窝窝茶盖碗；用砖茶、红枣、红糖沏成的叫红糖砖茶盖碗；用陕青茶、白糖沏成的叫白糖青茶盖碗。

主人将配料备齐，将茶叶和各种配料放入茶碗中，为了表示对客人的尊重，主人会揭开碗盖，向客人逐一介绍所用配料，然后再去沏茶。如果客人不喜加糖，应事先说明。主人介绍完后，客人应点头称谢。沏茶时，主人左手拿出碗盖，右手提一壶滚沸的开水注入茶碗内，盖上碗盖。待冲泡 5 分钟~10分钟，将碗盖拿起来在茶碗中轻刮一下，双手捧起献给客人，并道一声"请喝茶"。冲泡时，倒水不宜过满，满则失礼。泡茶时，避免将开水溅到桌上或客人身上，以免失礼。

饮时，先将碗盖在茶碗表面轻刮几下，将浮在茶汤表面的茶叶、芝麻刮到一边，然后将碗盖斜盖在碗口上，留出一小口，以左手托着托盘，右手拇指、中指夹住茶碗，食指轻按碗盖，无名指托住碗底，从小口处轻饮品尝，不得发出响声，否则会被认为是没有教养。

主人会随时为客人添茶，直到客人告辞从茶碗中捞出一颗红枣放进口中，主人会明白客人的意思，一面热情挽留，一面做送客的准备。假如并不打算离开，切莫贪吃碗中食物。当然，自冲自饮时又另当别论。

二、亚洲茶俗

（一）日本茶道

日本茶道起源于中国，是以饮茶为主体，融建筑、园艺、美术、宗教、思想、文学、烹调等文化风格于一体的艺术技能。茶道的精神核心是禅，它把禅从寺院中解放出来，把远隔世俗的禅僧脱化成在家的茶人。用一种礼仪向人们

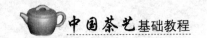

讲述禅的思想，正如参禅需要顿悟一样，其中蕴涵的那些人生经验，需要饮茶者去细心领悟。

日本吸收中国茶文化后形成了具有日本特色的抹茶道、煎茶道。以下简单介绍一下日本抹茶道的有关内容。

1. 日本抹茶道的历史

中国是茶的原产地，茶传到日本的契机，是因为遣唐使与留学生将茶从中国带回日本，那时茶还是以药用为主。平安时代，桓武天皇延历二十四年（公元805年），最澄大师从大唐将茶种带回日本，并在近江阪本（现在的滋贺县）日吉神社旁种植，这是日本最初种植茶叶的地方，后被称作日吉茶园。嵯峨天皇治下的公元810~824年，形成了日本最早的茶文化高潮（弘仁茶风）。《空海奉献表》是最初记录着关于日本饮茶的史料。1168年和1187年，荣西禅师先后两次到中国求学于临济宗，同时进行茶学研究。回国时，将大量的茶种和佛经带回日本，创立了日本临济宗，并在佛教中大力推行"供茶"礼仪，饮茶之风再次盛行。因此，荣西禅师被历代尊为日本茶道的"茶祖"，其著书有《饮茶养生记》。

南宋端平二年（1235年），圣一国师（圆尔辨圆）到浙江余杭径山寺苦修佛学和种茶、制茶。24年后（1259年），日本东福寺南浦昭明禅师也来径山寺求学取经，学习了该寺院的茶宴仪式，将中国的茶道具引进日本，并传播中国的点茶法和茶宴礼仪，使日本茶道更趋规范化。

室町幕府时代（1336~1573年），饮茶习惯已经在庶民中普及，艺术家能阿弥创立了"书院式""台子式"新茶风，对茶道形成有重大影响。村田珠光禅师制定了第一部品茶法，使品茶变成茶道，把禅宗的理想融入茶道之中。随后，对茶道起承前启后作用的伟大茶匠武野绍鸥将歌道引入茶道，对村田珠光茶道进行全面的改进和发展，进一步使日本茶道民族化和本土化。室町末期，茶道大师千利休创立利休流草庵风茶法，风靡天下，将茶道推向顶峰，被称为"茶道天下第一人"。千利休死后，其后人承其衣钵，出现了以"表千家""里千家""武者小路千家"为代表的各家流派。

以上叙述的是抹茶道的历史，抹茶道是日本茶道的主流。同时，在中国明清泡茶道的影响下，形成了日本的煎茶道。日本僧人隐元隆琦（1592~1673年）把中国当时的煎茶法带回日本，为日本煎茶道的形成打下了基础。经日本煎茶道的始祖"卖茶翁"——柴山菊泉（1675~1763年）的努力，煎茶道在日本立稳脚，再经田中鹤翁、小川可进两人的努力，最终确立煎茶道的地位。江户时代是日本茶道的灿烂时期，日本吸收中国茶文化后形成了具有日本特色的抹茶道、煎茶道。由于煎茶方便，又不受场地限制，所以现代日本家庭普遍使用煎茶方式。当然，在正式茶会或接待重要人物时，仍以传统抹茶道为主。

2. 日本茶道的宗旨

千利休以"和、敬、清、寂"作为茶道的宗旨。日本茶道必须做到"四规七则"。四规是"和、敬、清、寂"。七则是：茶要提前备好、炭要提前放好、茶室要冬暖夏凉、雨天要准备好雨伞、一定要守时、室内插花要和自然协调、要把客人放在心上。

和即是和谐、和悦，也代表平和，首先表现为人与人之间的和。当我们进入茶室中品尝一碗茶时，无论是客是主，"请先""请慢用"等种种的动作和言词，都代表了茶道中所蕴含的"和"之意。同时"和"也表现为人与自然的和谐。人对于自然的爱好，以及随着四季的变迁，以内心感受人与自然的相互沟通，这就是"和"的感觉。茶室布局、茶道所用道具、茶点、摆放的插花等都随季节而变化，都以"和"的精神为基础，表现为人与自然高度和谐的精神。

敬则表示为对长辈的尊敬，同时也表现为主客、友人与同辈间的敬爱。

清是清净、清洁的意思，也是茶道的种种礼仪和做法中十分强调的。在古时候有这样一个故事，曾经有一个爱好茶的人给了利休居士很多黄金，请他帮助购买适当的茶道具。然而利休居士把全部的钱都买了白布，送还给那个人，并说道："只要茶巾是干净的，即使不需要任何道具，也能够品尝到茶的精髓"。

由清而静，也就是所谓的"静寂"，就如在不受外界干扰的寂静空间里，内心深深地加以沉淀的感觉。"寂"是茶道中美的最高理念，在求取"静"的同时，察觉自己知足的内心，在深沉的思索中让自己内心沉淀，这是禅学的思想，也是对人生的最佳解答。

3. 日本茶道宗师千宗易

千宗易（千利休）大永二年（1522 年）出身于商人家庭，18 岁时成为武野绍鸥的弟子。天正三年（1575 年）成为织田信长的茶头。织田信长死后，丰臣吉秀将千宗易作为茶头。1585 年，丰臣吉秀在宫内开设了一次茶会，千宗易作为主持人，给天皇点茶，被天皇赐法号"利休"。1587 年主持北野大茶会后,千利休成为首屈一指的茶头。1591年,千利休响应连歌师宗长的号召,为京都大德寺的山门重建捐献资金,大德寺的主持为了感谢千利休,在山门上制作了他的雕像。丰臣秀吉认为千利休像放在山门上是对他的不敬,并认为千利休还有其他企图,不仅命人将千利休的雕像从山门上取下来,还将千利休赐了切腹,享年70岁。千利休死后,妻儿被流放到各地,千家流趋于消沉,直到千宗旦时期才再度兴旺起来,发挥千家的茶道传统。现在的表千家、里千家、武者小路千家都属于千家流。千利休的一生与茶相伴,将茶道的影响扩大到日本文化的各个方面,将茶道与建筑、礼仪、饮食、字画、陶瓷、铁器等相融合,形成了以茶为中心的综合文化体系。

4. 日本茶道建筑

日本茶道建筑是茶人举行茶事活动的地方,由茶室和露地两部分组成。

日本茶室又称本席、茶席,属于日本和风建筑体系,是进行茶事活动的主要场所。茶室的标准规模为四张半榻榻米,为9~10平方米,室内尽量采用原木、原竹等自然形态的材料,崇尚自然。茶室内部有壁龛、点茶席、地炉、茶道口、小窗、水屋等。

露地,也称茶庭、露路,独具日本民族特色,是通向茶室的过渡庭院,也是茶道建筑的必要组成部分,利用中门分为外露地和内露地。露地不同于其他的园林,为避免斑斓的色彩干扰人们宁静的情绪,一般来说,园内只栽种常绿植物,除梅花外很少载种花果木,园内石景和装饰很少,每石每木的装饰都有非常高的观赏价值。露地内设有腰挂、飞石、蹲踞、雪隐、尘穴、石灯笼等。露地除迂回曲折的小路和必不可少的一些设施外,基本不留剩余空间,是为了使人们走这些小路时将精神集中起来,消除尘世中的烦躁。

5. 茶事活动

日本的茶事名目繁多。每次的茶事都要确定主题,如赏月、升迁、赏雪、踏雪寻梅等。古时有三时茶之说,按三顿饭的时间分为朝会(早茶)、书会(午茶)、夜会(晚茶)。现在有"茶事七事"之说,即早晨茶事、拂晓茶事、正午茶事、夜晚茶事、饭后茶事、专题茶事和临时茶事。

茶会分为淡茶会和正式茶会。日本的茶道程式严谨,从确定主题到茶会过程都十分讲究。在茶会之前由主人确定主客,然后根据主客身份再挑选与主客志趣相投的陪客。正式茶会时间为4小时左右,在茶会中不允许佩戴手表,由主人掌控时间。正式茶会又分"初座"和"后座"两部分。"后座"是茶会的主要部分。客人一般会提前 15 分钟到达，通过迂回的小路使心情平静，用心欣赏主人精心布置的露地到达茶室就座的过程，称为"初座"。到达茶室后首先要欣赏壁龛的书画、行礼。客人坐好后，主人开始表演添炭技法，这是"初炭"。之后主人送上茶食。用完茶食后，客人到露地休息，主人到茶室收拾好后客人再入茶室，这是"后座"。由主人进行点浓茶，期间不允许客人大声喧闹，气氛比较严肃，客人喝完浓茶后，主客要礼貌地向主人请求观看茶具，代表客人就茶具向主人一一询问，并对茶具进行赞赏。点完浓茶后，地炉中的炭火变得微弱，这时主人要表演添炭技法，称为"后炭"。点完浓茶后再点薄茶，期间气氛比较轻松，可以相互寒暄。薄茶之后，主人与客人相互告别，茶会到此并未结束。茶会后的第二天，由主客代表所有客人再次到主人家道谢，称"后礼"，至此茶会才算正式结束。

（二）韩国茶礼

韩国茶礼提倡和、敬、俭、真。"和"要求人们必须具备善良的心，互相尊敬，互相帮助；"敬"是要有正确的礼仪；"俭"是指俭朴的生活；"真"是要有真诚的心意。此外，传统的茶礼精神还包括"清""虚"。韩国茶礼侧重于礼仪，从迎客、茶室陈设、茶具的造型与排列，到投茶、注茶、安排茶点、吃茶等，均有严格的规范与程序，力求给人以清静、悠闲、高雅、文明之感。

（三）印度

印度人喝茶通常把红茶、牛奶和糖放入壶里，加水煮开后，滤掉茶叶，将剩下的浓似咖啡的茶汤倒入杯中饮用。印度人还爱喝一种加入姜或小豆蔻的"马萨拉茶"，之所以要"拉"茶，是因为他们相信这样有助于完美地混合炼乳于茶中，从而带出奶茶浓郁的茶香。印度拉茶有一种很独特的浓醇香味，非常吸引人。

冲泡马萨拉茶可用布袋装好茶和香料，冲好相对较浓的茶底，加入炼乳或牛奶、糖后用两个壶来回拉十数次，起泡后倒入杯中。

（四）巴基斯坦

巴基斯坦与印度相邻，属于伊斯兰国家，居民中 95% 以上都信仰伊斯兰教。巴基斯坦气候炎热，终年少雨，加上人们长期食用牛肉、羊肉、乳类等油脂含量高的食物，茶这种解渴消暑、提神生津、消食除腻的饮料对他们是再合适不过了。巴基斯坦的饮茶方法受英国的影响，饮用红茶，加奶加糖。一般将红茶放入水壶中烹煮后，滤掉茶叶，在茶汤中加牛奶和白糖再饮。在巴基斯坦西北部，人们喜饮绿茶。到了冬天，有些习惯饮用红茶的地区也会改饮绿茶，这是因为巴基斯坦人认为绿茶偏温、红茶偏凉，与我国的看法相反。他们饮用绿茶的方法与红茶相似。

（五）新加坡、马来西亚

新加坡、马来西亚喜欢喝"肉骨茶"，其实，此"茶"非彼"茶"，虽然肉骨茶名为"茶"，但它却是一道猪肉药材汤，汤料完全没有茶叶的成分，是以猪肉和猪骨混合中药及香料，如当归、枸杞子、玉竹、党参、桂皮、牛七、熟地、西洋参、甘草、川芎、八角、茴香、桂香、丁香、大蒜及胡椒熬煮多个小时的浓汤。相传华人初到南洋创业时，生活条件很差，由于不适应湿热的气候，不少人患上风湿病。为了治病祛寒，先贤用了各种药材，包括当归、枸杞、党参等来煮药，但因忌讳而将药称为"茶"。有一次，一人偶然将猪骨放入了"茶汤"里，没想到这"茶汤"喝起来十分香浓美味，风味独特。后来，人们特地调整配料，经过不断改进，成为本地著名的美食之一。肉骨茶分为新加坡的海南派及马来西亚的福建派，海南肉骨茶有较重胡椒味，福建肉骨茶有较重药材味。

肉骨茶制作方法：将猪肋排斩成约一指长的段状单骨，飞水过冷后，去除表面的杂质。接着，取一些去了衣的蒜肉，先用油炸至金黄色，再飞水去掉油分，加入一些淮山药、枸杞子、桂圆等药材，再加入陈皮、白胡椒、甘草、八角等香料，然后将所有材料放入煲内，加水用文火熬 3~4 小时，调入盐等味料，即可成为一道极具异国风味的肉骨茶了。通常会配搭一碟指天椒酱油，供以蘸排骨或佐汤调味之用，不喜食辣者亦可配以普通酱油。

（六）土耳其

土耳其人喝红茶，不加奶，但习惯要加方糖，味道甜甜的，所以又称"甜茶"。它最大的特色，就是盛茶的器皿很讲究，使用一大一小两个茶壶煮茶。大的茶壶盛满水放在火炉上，小的茶壶装上茶叶放在大茶壶上面。等到大茶壶的水煮开后，将开水冲入小茶壶中再煮上片刻。最后将小茶壶里的茶汁，根据各人对茶汤浓淡的需求，不等量地倒入小玻璃杯中，再将大茶壶中的开水冲入，加入适量的白糖搅拌几下就可以饮用了。

三、欧美茶俗

（一）荷兰

荷兰人普遍饮用红茶。午后茶是荷兰人家居习惯。主妇们将茶叶放入小瓷茶壶，用初开的沸水泡茶，冲泡 3~6 分钟，将茶壶放在茶套内保温，饮用时加入糖或奶油。

（二）英国

英国人喝茶，多数在上午 10 时至下午 5 时进行。若有客人进门，通常也在这时间段才有用茶敬客之举。英国人特别注重下午茶，始于 18 世纪中期，英国人重视早餐，轻视中餐，直到晚上 8 时以后才进晚餐。由于早、晚两餐之间时间长，使人有疲惫饥饿之感。为此，英国公爵斐德福夫人安娜在下午 5 时左右，请大家品茗用点，以提神充饥，深得赞许。久而久之，下午茶逐渐成为一种风俗，一直延续至今。如今，在英国的饮食场所、公共娱乐场所等，都有下午茶供应。英国的火车上，还备有茶篮，内放茶、面包、饼干、红糖、牛奶、柠檬等，供旅客饮下午茶用。

英式下午茶是先倒茶还是先倒奶，据说这个顺序反映了一个人的社会地位。当年的英国贵族们使用昂贵、耐高温的骨瓷茶具，可以先加茶，再根据茶的浓度和风味来加牛奶。而仆人们用的是陶制茶具，由于不耐高温，必须先放牛奶，防止茶杯因为茶的热度而碎裂。除了传统的英国茶外，如今，英国人又在红茶中添加了各类鲜花、水果及名贵香料，配制成当今非常流行的花茶、果茶、香料茶和什锦茶。这些茶都非常受欢迎。比如，玫瑰香茶色泽艳丽，香气四溢；樱桃梅子果茶、橘子柠檬果茶，果香浓郁，饮后令人回味无穷，十分惬意。

英国人饮茶，不仅重视茶的味道和品质，也很讲究饮茶的形式。一般来说，要有一套很讲究的茶具。比如，配备一套维多利亚骨瓷杯、盘和纯银茶壶、茶匙。饮茶的时候，还要备有各式各样的蛋糕、点心，放在塔形的碟架上，花样繁多，干净整洁，十分讲究。饮茶实际上成了一种文化享受。在饮茶的时候，英国人也尽情展现自己的文化气质和个人修养。喝下午茶的最正统时间是下午四点钟，要求着正装，通常是由女主人着正式服装亲自为客人服务，以表示对来宾的尊重。一般来讲，下午茶的专用茶为祁门红茶、大吉岭红茶或锡兰茶传统口味纯味茶。正统的英式下午茶的点心用三层点心瓷盘装，第一层放三明治、第二层放传统英式点心 Scone（烤饼）、第三层则放蛋糕及水果塔，由下往上吃。Scone 的吃法是先涂果酱、再涂奶油，吃完一口、再涂下一口。茶点的食用顺序应该遵从味道由淡而重、由咸而甜的法则。先尝尝带点咸味的三明治，让味蕾慢慢品出食物的真味，再啜饮几口芬芳四溢的红茶。接下来是涂抹上果酱或奶油的英式松饼，让些许的甜味在口腔中慢慢散发，最后才是甜腻厚实的水果塔。

（三）俄罗斯

俄罗斯是一个地跨亚、欧两大洲的国家。俄罗斯的饮茶风俗中以最具俄罗斯风格的"沙玛瓦特"茶炊为典型。茶炊实际上就是喝茶用的热水壶。俄式茶炊的内下部安小炭炉，炉上为一中空的筒状容器，加水后可加盖。炭火在加热容器内水的同时，还可烤热安置在顶端中央的茶壶。茶炊的外下方安有小水龙头，取用沸水极为方便。水开后，把茶壶从茶炊上取下，由于事先已将茶叶放入其中，可直接注入沸水泡茶了。茶炊的形状变化多样，有圆形、筒形，还有奖杯状的，但一般都装有把手、龙头和支脚。制作材料以铜、银、铁等各种金属原料为多，也有陶瓷或耐热玻璃制成的。有些用金、银、铜等贵重金属制成的茶炊，工艺十分精巧，还可作为装饰工艺品陈设在室内。后来又出现了暖水瓶式的保温茶炊，内部分为三格，第一格盛茶，第二格盛汤，第三格盛粥。现在俄罗斯市场销售的茶炊除在外观上与真正的沙玛瓦特相似之外，其内部结构已经大相径庭了。

俄罗斯人使用的茶具，除瓷茶杯外，还多了一样茶碟，因为他们喜欢将茶从杯里倒入茶碟中使用。茶碟的形状如浅底小平碗或圆盒。玻璃茶杯也很常用。

俄罗斯幅员辽阔，民族众多，饮茶风格也各有特点。格鲁吉亚式饮茶是最接近西欧的方式，其特点在于将茶壶放置在火炉上干烤预热，当温度达到100℃~120℃时，按每杯一匙左右的用量将茶叶（一般为散茶，不用紧压茶）投入壶中，随后倒入开水冲泡。由于茶壶已被烤得滚烫，只要泡上 2~3 分钟即可。如果茶壶预热的温度掌握和冲泡手法得当，在倒水冲茶时会产生噼啪的爆裂声，很像拉祜族的火爆茶。这种茶属清饮法，茶香幽郁，若是新茶，香味更浓。

还有一种古老的蒙古式饮茶法，流行于西南伏尔加河、顿河流域以东，到与蒙古接壤的亚洲地区。饮法是先将紧压绿茶碾碎，每升水加入1~3匙茶末加热，水开后再加入1/4升牛奶（羊或骆驼奶）、动物油1匙、油炒面粉50~100克，最后加入半杯大米或优质小麦。可根据口味自行加入适量食盐，煮15分钟即可。这种饮茶方法是调饮法，类似我国藏族的饮茶习惯。

俄罗斯的卡尔梅克族居住在伏尔加河下游的卡尔梅克自治共和国，也有部分在西伯利亚、中亚等地。他们的饮茶法也属调饮法，但起初不用紧压茶而用散茶。先用水煮开，再倒进茶叶（每升水茶叶量为50克），分两次加入大量动物奶，搅拌均匀。煮沸后，用细孔滤器滤出茶渣后才可饮用。

（四）法国

法国人泡茶方法与英国相似，在茶中加入牛奶、砂糖或柠檬等。另外再以各式的甜糕饼佐茶，午后茶一般在下午4点半至5点半供应。

法国人也喜爱绿茶。清饮和调饮兼而有之。清饮法与中国相似，调饮时加方糖或新鲜薄荷叶，使茶味甘甜清凉。

（五）德国

德国人饮茶一般是在晚餐后饮用茶味浓厚的高档红茶。德国人的饮茶方式与英国人不一样，一般将冷水煮沸后，先温壶，再按1茶杯1匙茶的比例将茶叶置于壶内，注入沸水冲泡3分钟。倒出茶汤于杯中，添加牛奶、白糖或柠檬饮用。中国的高级绿茶在德国也有一定的市场，饮用方法与中国相同。

（六）美国

美国人一般早餐不饮茶，而在午餐时饮茶，并佐以烘脆的面包和家庭自制的果酱。茶饮种类除红茶外还有绿茶和乌龙茶，佐以糖、乳酪和柠檬。在美国，不同民族、不同地区的饮茶习惯都不同。有些地区饮茶的人很多，有些地区则较少，有些地区饮茶具有一定的季节性，如南部一些州市，冬季饮热茶，夏季则大量饮用冰茶。将泡好的红茶汁倒入已放冰块的玻璃杯中，再加入适量

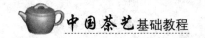

的蜂蜜和 1~2 片新鲜的柠檬，一杯冰凉爽口的冰茶就泡好了。

（七）加拿大

加拿大人一般在用餐时和临睡前饮茶，主要喝红茶，绿茶只销往少数地区。加拿大人泡茶通常用陶制茶壶，以每杯 2 匙的比例放入茶叶，开水冲泡5~8 分钟。泡好后，将茶汤滤进另一事先温热过的茶壶中，加入乳酪和糖调制好后就可饮用了。与美国人不同的是，加拿大人很少在茶汤中加柠檬，他们也不像中国人那样喜欢清饮。现在，加拿大人也爱饮袋泡茶。

四、非洲茶俗

（一）埃及

埃及是非洲国家中最大的茶叶消费国。埃及人喜欢喝浓厚醇烈的红茶，加糖热饮是他们的习惯。埃及普通家庭的饮茶习俗与俄罗斯十分相似。他们喝茶时使用的是俄式茶炊。冲泡器皿一般较小，如小瓷茶壶、小玻璃杯等。茶炊是将水煮沸后，先将小瓷茶壶凑近水龙头，拧开，让沸水流进茶壶。但这不是为了泡茶而是温壶，所以要盖好壶盖，上下左右摇晃茶壶，使沸水与壶充分接触。埃及人认为，温壶以后，茶香更容易散发出来，这一点与中国饮茶之温壶颇有相通之处。然后，把温壶水倒掉，再拧开水龙头，冲入大半壶沸水。此时再放入一小撮茶叶，把沸水加满，盖上壶盖。不过，这壶茶现在还不能饮用，还要再放到茶炊盖上加热片刻，泡茶才算结束。

茶水斟入杯中后，可加入蔗糖，用小勺在茶杯中搅动，待茶稍凉后，再端起杯子开始大口饮茶。埃及人一般喝茶至少喝三杯，不能少喝，只能多喝。他们认为第一杯茶仅用来消除正餐中煎炒类食品的火气，第二杯茶才是真正地在品茶。

（二）摩洛哥

与埃及同属北非的摩洛哥也是个酷爱饮茶的国家，不同的是，他们嗜饮中国绿茶。摩洛哥地处炎热的非洲，以食牛羊肉为主，蔬菜几乎没有。具有消暑解渴、除油去腻功效的绿茶无疑是最适合他们的健康饮料。因此，摩洛哥人无论地位高低，每天都喝一杯绿茶。

摩洛哥人的茶具还是闻名世界的珍贵艺术品。摩洛哥国王和政府赠送来访贵宾的礼品，一为茶具，二为地毯。一套讲究的摩洛哥茶具重达 100 千克以上，有尖嘴的茶壶、雕有花纹的大铜盘、香炉型的糖缸、长嘴大肚子的茶杯等，上面刻有民族特色的图案，赏心悦目，风格独特。

摩洛哥人泡茶时，先往已放入茶叶的茶壶中冲入少量的沸水，但必须立即将水倒掉，重新冲入开水，加白糖和鲜薄荷叶，泡几分钟后再倒入杯中饮用。茶叶泡过 2~3 次之后，还要适量添加茶叶和白糖，使茶味保持浓淡适宜、香甜可口。这样一壶三沏，至少需用 10 克茶叶和 150 克左右的白糖。而茶加入薄荷后，味香清凉，入口暑气顿消，又能提神，深受摩洛哥居民喜爱。

除了这种用具精美、冲泡讲究的家庭饮茶外，在摩洛哥的茶馆中还能享受到另一种风格的薄荷茶。在熊熊燃烧的灶上，大锡壶里的沸水咕嘟作响，老板娘根据来客的多少另取一小锡壶，从一只麻袋里抓出一大把茶叶，又用榔头从另一只麻袋里砸一块白糖，再顺手揪上一把新鲜薄荷叶，一起放入小锡壶中，加上大锡壶中的滚水，放到火炉上烹煮。水滚两遍后，小锡壶里的薄荷茶就可端给客人饮用了。

（三）毛里塔尼亚

毛里塔尼亚是一个以畜牧业为主的国家，全国领土有 90% 以上是沙漠地带，因此素有"沙漠之国"之称。干旱的沙漠气候使人容易疲劳，以牛肉、羊肉、骆驼奶为主的生活方式使人营养不均，而饮茶能助消化，振奋精神，消除疲劳，增强体质。因此，"沙漠之国"的人民对茶叶有特别的爱好，如果三天不饮茶，人们就感到头痛难受，全身疲软无力，所以这里的居民已达到嗜茶成瘾的程度。毛里塔尼亚人喜欢喝绿茶，他们的眉茶和珠茶都是从中国输入的。

毛里塔尼亚人喝的是浓甜茶。这个信奉伊斯兰教的国家，每天早晨都以向真主祈祷而开始新的一天。祈祷完毕后，人们就开始喝茶。通常人们将茶叶放入小瓷壶或小铜壶内煮，待茶水开后，再加入白糖和新鲜薄荷叶，然后将茶汁注入酒杯大小的玻璃杯内，就可饮用了。茶汁色如咖啡，味道香甜醇厚，带有清凉的薄荷味。毛里塔尼亚人煮一次茶需要 30 克左右茶叶，要求茶叶味浓适中，多次煮泡后，汤色仍不变。他们喜欢汤色深的茶，所以如果茶叶储存时间稍长，反而大受欢迎。毛里塔尼亚人一般每日饮茶三次，每次三杯，逢节假日，饮茶的次数多达十次以上。招待客人也是"见面一杯茶"。每当客人到访，

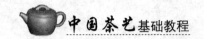

好客的主人总是以甜润爽口的浓甜茶招待。这种风格独特的浓甜茶已成为毛里塔尼亚的民族传统饮料。

课堂任务5　茶与非物质文化遗产

茶，对于中国人来说，首先是以物质形式出现，当它发展到一定时期就注入了深刻的文化内容。对于茶文化而言，它既非纯物质文化，也非纯精神文化，而是以物质为载体，或在物质生活中渗透着明显的精神内容文化。中国的茶文化，本质上是一种典型的"非物质文化"。

一、非物质文化遗产的定义

《中华人民共和国非物质文化遗产法》中所称的非物质文化遗产，是指各族人民世代相传并视为其文化遗产组成部分的各种传统文化表现形式，以及与传统文化表现形式相关的实物和场所。

自 2006 年起，每年 6 月的第二个星期六为我国的"文化遗产日"。

二、非物质文化遗产的内容

非物质文化遗产包括传统口头文学以及作为其载体的语言；传统美术、书法、音乐、舞蹈、戏剧、曲艺和杂技；传统技艺、医药和历法；传统礼仪、节庆等民俗；传统体育和游艺；其他非物质文化遗产。属于非物质文化遗产组成部分的实物和场所，凡属文物的，适用《中华人民共和国文物保护法》的有关规定。

三、非物质文化遗产代表性项目的代表性传承人

国家鼓励和支持开展非物质文化遗产代表性项目的传承和传播。国务院文化主管部门和省、自治区、直辖市人民政府文化主管部门对本级人民政府批准公布的非物质文化遗产代表性项目，可以认定代表性传承人。非物质文化遗产代表性项目的代表性传承人应当熟练掌握其传承的非物质文化遗产；在特定领域内具有代表性，并在一定区域内具有较大影响；积极开展传承活动。

县级以上人民政府文化主管部门根据需要，采取下列措施，支持非物质文化遗产代表性项目的代表性传承人开展传承、传播活动。一是可以提供必要的传承场所；二是提供必要的经费资助其开展授徒、传艺、交流等活动；三是支持其参与社会公益性活动；四是支持其开展传承、传播活动的其他措施。

非物质文化遗产代表性项目的代表性传承人应当开展传承活动，培养后继人才；妥善保存相关的实物、资料；配合文化主管部门和其他有关部门进行非物质文化遗产调查；参与非物质文化遗产公益性宣传。非物质文化遗产代表性项目的代表性传承人无正当理由不履行规定义务的，文化主管部门可以取消其代表性传承人资格，重新认定该项目的代表性传承人；丧失传承能力的，文化主管部门可以重新认定该项目的代表性传承人。

四、茶文化类非物质文化遗产名录

国家级非物质文化遗产名录是经中华人民共和国国务院批准，由文化和旅游部（简称"文旅部"）确定并公布的非物质文化遗产名录。为使中国的非物质文化遗产保护工作规范化，2005 年 12 月，国务院发布《关于加强文化遗产保护的通知》，并制定了"国家＋省＋市＋县"共 4 级保护体系。

根据非物质文化遗产的定义及茶业相关概念，茶叶非物质文化遗产是指各种以茶叶为主题、世代相传的传统文化表现形式及其相关的实物和场所，具体包括关于茶叶典故传说、传统制茶技艺、茶礼茶俗、传统茶艺、文艺作品等，以及相关文物和场所。国家非物质文化遗产代表性项目分 10 个类别，目前历经五批名录，共有 1557 个项目。其中茶非物质文化遗产代表性项目分别归属传统技艺、传统音乐、传统戏剧、传统舞蹈、民俗五类。如："武夷岩茶（大红袍）制作技艺"（序号 413，编号Ⅷ–63），由福建省武夷山市申报。"龙泉青瓷烧制技艺"（序号 359，编号Ⅷ–9），由浙江省龙泉市申报。"采茶戏（赣南采茶戏、桂南采茶戏）"（序号 209，编号Ⅳ–65），分别由江西省赣州市、广西壮族自治区博白县申报。"庙会（赶茶场）"（序号 991，编号 X–84），由浙江省磐安县申报。

企业实践任务 仿宋点茶操作

一、实践目的

通过学习宋徽宗《大观茶论》中的七汤点茶法，模仿宋代点茶。

二、实践准备

（1）实践分组：以2人一组为佳。

（2）茶具准备：汤瓶1个，水盂1个，点茶盏1个，茶罐1个，茶筅1个，茶巾1块，茶匙1个，托盘1个。

（3）茶叶准备：抹茶粉（1:30~1:100，薄茶1:100左右，500毫升的茶碗，打200毫升的茶汤，大约放2克的茶粉，差不多一满勺。如果想浓一点，就加重茶粉的用量）。

（4）泡茶用水：纯净水。

（5）点茶水温：80℃。

三、实践流程

（1）布具。

（2）温茶筅：将水注入点茶盏1/3处，左手扶点茶盏，右手持茶筅，沿盏

壁逆时针旋转一周后取出，放回原位。

（3）温盏：双手捧盏，逆时针旋转一周。弃水，左手持盏，盏面垂直于水盂平面，盏底在茶巾上吸干水渍，放回原位。

（4）置茶：左手取抹茶罐，右手打开罐盖，放在茶巾上。右手取茶匙，头部搁于茶叶罐口，右手从茶匙末端滑下，托住茶匙柄部，换成握铅笔状，探入茶罐取茶粉。舀茶粉 1 平匙，放入茶盏，茶匙在盏 5 点钟位置轻敲一下，以使黏在茶匙上的茶粉脱落。收回茶匙，放回原位。加盖，将茶罐放回原位。

（5）点茶：以茶筅击拂茶汤，使茶末和水交融，并泛起汤花。根据《大观茶论》载，最多可注水七次。

一汤手轻筅重、上下透彻。注水只要一点点，把膏状物体扫到碗边。

二汤击拂既力、珠玑磊落。快速和用力是第二步的关键要素，打出大泡泡和小泡泡，就是珠玑磊落了。

三汤渐贵轻匀、粟文蟹眼。注水要多，同心圆回旋，击拂次数多，汤面色泽得十之六七。

四汤宽而勿速、轻云渐生。使用茶筅的幅度要大，速度比三汤要小。

五汤乃可稍纵、茶色尽矣。用筅轻轻搅动使茶面收敛凝聚。

六汤以观立作、乳点勃然。加水不需要多，就是要把底部没有打掉的茶粉给他继续打上来，使得乳面更厚。

七汤乳雾汹涌、溢盏而起。在中上部快速地击打。直到周回凝而不动，谓之咬盏。

（6）品饮。

（7）收具。

四、注意事项

点好一盏茶的几个关键点为水温、投茶量、注水方法和次数及持茶筅手法。

（1）水温：水温不宜太高，应低于 85℃。水要新煮，如果是久煮的水，氧气挥发殆尽，则需加入少量新冷水，以增加氧气的含量，一沸水点茶，茶汤更鲜活。

（2）投茶量：茶量根据人数而定，投茶量为1∶100左右。

（3）注水方法：多次注水，多次击拂。用茶筅在盏中击拂时，抹茶与空气充分调和，多次操作后，饽沫会更丰富、细腻、柔滑。柔滑的饽沫不但好喝，还可以在饽沫上注汤幻字或绘画，别有一番情趣。

（4）持筅手法：手轻筅重，手腕充分打开，灵活，不僵硬。

走笔谢孟谏议寄新茶
唐·卢仝

日高丈五睡正浓，军将打门惊周公。

口云谏议送书信，白绢斜封三道印。

开缄宛见谏议面，手阅月团三百片。

闻道新年入山里，蛰虫惊动春风起。

天子须尝阳羡茶，百草不敢先开花。

仁风暗结珠琲瓃，先春抽出黄金芽。

摘鲜焙芳旋封裹，至精至好且不奢。

至尊之余合王公，何事便到山人家。

柴门反关无俗客，纱帽笼头自煎吃。

碧云引风吹不断，白花浮光凝碗面。

一碗喉吻润，二碗破孤闷。

三碗搜枯肠，唯有文字五千卷。

四碗发轻汗，平生不平事，尽向毛孔散。

五碗肌骨清，六碗通仙灵。

七碗吃不得也，唯觉两腋习习清风生。

蓬莱山，在何处？玉川子，乘此清风欲归去。

山上群仙司下土，地位清高隔风雨。

安得知百万亿苍生命，堕在巅崖受辛苦！

便为谏议问苍生，到头还得苏息否？

任务 3

茶叶知识

素质目标

1. 培养学生的科学精神和态度。

2. 培养学生自我学习的习惯、爱好和能力。

3. 培养学生的团队协作意识。

知识目标

1. 了解茶树的基本知识。

2. 熟悉茶叶的种类。

3. 了解茶叶加工工艺及特点。

4. 掌握茶叶保管常识。

能力目标

1. 能使用感官审评方法识别茶叶。

2. 能根据茶叶基本特征区分六大茶类。

3. 能识别六大茶类中的中国主要名茶。

4. 能识别新茶、陈茶。

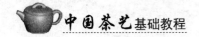

课堂任务 1　茶树基本知识

茶树是生长在亚热带的常绿阔叶木本植物，白色花，蒴果，雌雄同花，自花不孕。1753 年瑞典林奈将茶树定名为 Thea Sinensia Linn.，即"茶属茶种"。1881 年孔茨将茶树定名为 Camellia Sinensis（L.）O. Kuntze，即"山茶属茶种"。它是以叶用为主的多年生木本、常绿植物。

按茶树形态分类法，茶树属被子植物门，双子叶植物纲，原始花被亚纲，山茶目，山茶科，山茶属。

一、茶树的分类

茶树分类是指对茶树的种类或类群或亲缘关系所进行的划分。按其分类依据有形态（植物）分类、生态分类、细胞分类、化学分类、品种分类等。茶树品种分类是以茶树品种的生物学特性和主要经济性状为依据的分类。目前普遍是以树型、叶片大小、发芽迟早、芽叶色泽和茶类适制性作为分类标志。

（一）按树型分类

茶树品种按树型可分为乔木型茶树、小乔木型茶树和灌木型茶树，如图 3-1 所示。

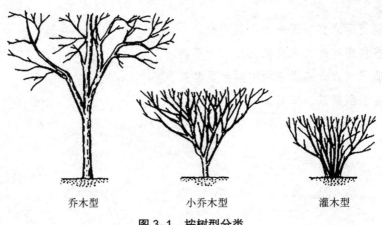

乔木型　　　　小乔木型　　　　灌木型

图 3-1　按树型分类

乔木型茶树是较原始的茶树类型，有明显主干，分枝部位高，通常树高3~5米及以上，叶片大，叶片长度的范围为10~26厘米，多数品种叶长为14厘米以上。灌木型茶树没有明显主干，分枝较密且多近地面，树冠短小，通常树高为1.5~3米，叶片较小，叶片长度范围为2.2~10厘米。小乔木型茶树是进化类型茶树，树高、分枝、叶片长度介于灌木型茶树和乔木型茶树之间。

（二）按叶片大小分类

茶树品种按叶片大小可分为特大叶类、大叶类、中叶类和小叶类四类茶树。

特大叶类茶树是叶长在14厘米以上，叶宽5厘米以上的茶树。大叶类茶树是叶长10~14厘米、叶宽4~5厘米的茶树。中叶类茶树是叶长7~10厘米、叶宽3~4厘米的茶树。小叶类茶树是叶长7厘米以下、叶宽3厘米以下的茶树。

（三）按发芽迟早分类

茶树品种按越冬芽生长发育和春茶开采期发芽迟早可分为特早生种茶树、早生种茶树、中生种茶树和晚生种茶树四类。

特早生种茶树是越冬芽生长发育和春茶开采特早的茶树品种。因各茶区气候条件和茶类不同，一般不用萌发日期或春茶开采期确定，而是用一定的物候标志所需的有效积温或活动积温来表示。特早生种茶树在江、浙茶区，为一芽三叶展需有效积温低于60℃的品种，如龙井43号和乌牛早等。早生种茶树是一芽三叶展需有效积温60℃~90℃的茶树品种，如福鼎大白茶、迎霜等。中生种茶树是一芽三叶展需有效积温90℃~120℃的茶树品种，如浙农12号和黔湄502号等。晚生种茶树是一芽三叶展需有效积温大于120℃的茶树品种，如政和大白茶和福建水仙等。

（四）按芽叶色泽分类

茶树按芽叶色泽，可分为绿芽、红芽、紫芽种等。

紫芽是一种广泛存在于不同植物中零散变异的现象，多见于夏茶，由于花青素含量极高，因此颜色呈现紫色，花青素口感苦涩，故一直认为不适合做茶。但从20世纪70年代末到80年代初，发现岩茶紫芽变异体经过培育驯化可以产生高产、抗逆性强的优良品种，而改良后的紫芽口感也不那么苦涩，于是福建省茶科所就从大红袍自然杂交的后代中选育了一种无性系新品种——紫芽岩茶，制乌龙茶品质优异，加工品质稳定。

1985年，云南省茶叶研究所科技人员在该所133 400多平方米栽有60多万株云南大叶种茶树的茶园中发现一株芽、叶、茎都为紫色的茶树，将其鲜叶加工成烘青绿茶，干茶色泽为紫色，汤色亦为紫色，香气醇正，滋味浓强。因该茶树具有紫芽、紫叶、紫茎，并且所制烘青绿茶干茶和茶汤皆为紫色，取名为"紫娟"。该变异品种经过研究和培育，诞生了现在的紫鹃茶树，其花青素含量高，具有一定的保健价值。

（五）按最适合制作茶类分类

茶类的适制性是指茶叶品种适合制造某类茶叶并能达到最佳品质的特性，包括现在品种的物理特性和化学成分含量两方面。物理特性包括叶型、叶色、茸毛和持嫩性等；化学成分包括茶多酚、氨基酸和叶绿素含量等。按茶类适制性可分为适宜制作红茶、绿茶、白茶、红绿茶兼制、乌龙茶和普洱茶品种等。

通常用酚氨比作为品种适制性的生化指标。酚氨比较大（一般均在8以上）者，一般适制红茶；酚氨比较小者，一般适制绿茶。黄绿色、茸毛多、茶多酚含量高、叶绿素含量较低的大叶种适制红茶。叶形长、深绿色、持嫩性好、茶多酚含量较低、氨基酸和叶绿素含量较高的中、小叶种适制绿茶。

二、茶树的形态特征

茶树由根、茎、叶、花、果实和种子等器官组成。根、茎、叶为营养器官，其主要功能是担负养料及水分的吸收、运输、转化、合成和贮藏等功能；花、果实和种子为繁殖器官，主要担负繁衍后代的任务；在生产上把茶树分为地上部分和地下部分。地下部为根系，地上部为树冠，根颈是连接地上部和地下部的交界处，它是茶树各器官中比较活跃的部分。这些器官有机地结合为一个整体，共同完成茶树的新陈代谢和生长发育过程。

（一）根

茶树的根为轴状根系，由主根、侧根、吸收根和根毛组成，按其发根的部位和性状分为定根和不定根。主根又称"初生根"，由胚根发育而成，在垂直向土壤下生长的过程中，分生出侧根和吸收根，吸收根上生出根毛。定根由主根和侧根组成，是有一定生长部位的根。不定根是茎、叶、老根或根颈上发生的根，生产上常利用这一特性，进行茶树的扦插、压条、堆土等营养繁殖，产生与母株性状一致的苗木。

茶树根系生长与地上部分生长有一致性。如树冠某一方位内枝叶量多，对应部位根系的分布数量也较密。因此，从某种意义上说，要枝壮叶茂，必须根深，培养好根系。

（二）茎

茶树的茎是由营养芽发育而成的，主要包括主干、分枝和当年新枝。它是构成树冠的主体，联系茶树根与叶、花、果，输送水、无机盐和有机养料的轴状结构。按其作用分为主干枝、主茎、侧枝、骨干枝、生产枝、嫩茎等。分枝以下的部分称为主干，是区别茶树类型的重要依据之一。主茎由胚芽发育而成，是一个具有辐射性结构的中轴，以后由主茎上的腋芽继续生长形成侧枝。嫩茎是茶树生理机能活跃的器官，也是茶叶采收的对象。

高产优质树型模式，一是分枝层次多而清楚，骨干枝粗壮而分布均匀，生产枝健壮而茂密；二是树冠高度适中，为培养高产优质的树冠和有利于茶树体内树液流动的旺盛度，培养树冠高度控制在70~80厘米为好；三是树冠广阔，覆盖度大，高幅比达到1:2或1:1.6，树冠间距20~30厘米，树冠有效覆盖度达到90%的水平。

（三）芽

芽是指茶树系统发育过程中产生叶、枝条、花的原始体，是茶树系统发育过程中新梢与花的雏体。茶芽分叶芽（营养芽）和花芽。叶芽发育为枝条，花芽发育为花。

叶芽按发生位置分为定芽和不定芽，定芽又分为顶芽和侧芽（腋芽）。生长在枝条顶端的芽称为顶芽，生长在叶腋间的芽称为腋芽。在茶树茎及根颈处非叶腋部位长出的芽称为不定芽，不定芽又称潜伏芽。

按茶芽形成季节分冬芽与夏芽。冬芽较肥壮，秋冬形成，春夏发育；夏芽细小，春夏形成，夏秋发育。冬芽外部包有鳞片3~5片，表面着生茸毛，能减少水分散失，并有一定的御寒作用，外有1~2片鳞片或无鳞片。

按生长状态分为休眠芽、休止芽和活动芽。一般情况下顶芽大于腋芽，而

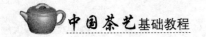

且生长活动能力强。当新梢成熟后或因水分、养分不足时，顶芽停止生长而形成驻芽。驻芽及尚未活动的芽统称为休眠芽。处于正常生长活动的芽称为生长芽。

多数品种的幼嫩芽叶色泽嫩黄，具油光，满披茸毛，随着叶片老化，色泽由黄转绿，茸毛脱落。

（四）叶

茶树叶为不完全叶，有叶柄和叶片，但没有托叶，在枝条上为单叶互生，着生的状态依品种而异，有直立、半直立、水平、下垂四种。在同一枝条上，上部新生叶较直立，随着叶龄增长，自上而下，叶片趋平展。

茶树的叶是进行呼吸作用、蒸腾作用、光合作用、气体交换和储藏养分的重要器官。茶树叶可分为鳞片、鱼叶和真叶，真叶是发育完全的叶片，形态一般为椭圆形或长椭圆形，少数为卵形和披针形，是采摘加工茶叶的原料。真叶的大小、色泽、厚度和形态各不相同，并因品种、季节、树龄、生态条件及农业技术措施等不同有很大差别。它的基本特点，一是主脉明显，侧脉呈45°~80°角伸展至叶缘2/3的部位，向上弯曲与上方侧脉相连接；二是叶缘有锯齿，呈鹰嘴状，一般有16~32对，随着叶片老化，锯齿上腺细胞脱落，并留有褐色疤痕；三是嫩叶背面着生茸毛，嫩叶片上的茸毛也是茶树叶片形态的特征。茸毛多少与茶树品种、生长季节和生态环境有关，但它的着生状态为其他植物叶所罕见，茸毛多，是芽叶细嫩、品质优良的表现。同一梢上，茸毛的分布以芽上最多，其次为幼叶，再次为嫩叶，至第四叶上已无茸毛。前三者为一芽两叶，是加工茶叶的好原料。一般春季芽叶上的茸毛多于夏秋季。

（五）花

花是茶树的生殖器官之一，属完全花。由短花梗、花托、花萼、花瓣、雄蕊群和雌蕊组成。花梗是连接枝条的部分，花托是花梗顶端呈盘状的部分，其上着生花萼、花冠、雄蕊群和雌蕊。茶花为两性花，花瓣色白，少数呈淡黄或粉红色，通常为5~7瓣，大的直径5~5.5厘米，小的直径2~2.5厘米，生在新梢的叶腋间，单生或数朵簇生。

（六）果实与种子

茶树的果实是茶树进行繁殖的主要器官。果实包括果壳、种子两部分，属于植物学中的宿萼蒴果类型。果皮未成熟时为绿色，成熟后变为棕绿色或绿褐色。茶果的形状和大小与茶果内种子粒数有关，着生一粒果为球形，二粒果为肾形，三粒果为三角形，四粒果近方形，五粒果呈梅花形。

茶树种子是由胚珠受精后发育而成的茶树果实，由种皮和种胚两部分构成。茶子的胚是新一代茶树的雏形，包括胚芽、胚根、胚轴和子叶，色泽有黑褐、棕褐、油黑等，种径大都在 12~15 毫米，不宜在低水分含量和低温下贮藏。

三、茶树的生长环境

茶树在生长过程中不断和周围环境进行物质和能量交换，既受环境制约，又影响周围环境。

（一）气候：喜温怕寒、喜湿怕涝

茶树性喜温暖、湿润，在南纬 45° 与北纬 38° 间都可以种植，最适宜的温度在 20℃~30℃，不同品种对于温度的适应性有所差别。一般来讲，小叶种茶树抗寒性与抗旱性均比大叶种强。

茶树生长需要年降水量在 1500 毫米左右，且分布均匀。朝晚有雾，空气湿度大于 80% 以上的地区，较有利于茶芽发育及茶青品质，长期干旱或湿度过高均不适于茶树生长栽培。

（二）日照：喜漫射光怕直射光

茶树和其他植物一样，是通过光合作用从太阳辐射能中取得其生育所必需的能量。茶树从幼苗出土形成叶绿体后即开始光合作用。在叶绿素作用下，二氧化碳和水在光的参与下合成有机物质，在转化过程中供茶树生长发育之需。

茶树起源于中国西南部的深山密林中，在长期的系统发育过程中，形成了适应在漫射光多的条件下生育的习性。在漫射光下生育的新梢内含物丰富，持嫩性好，品质优良。不论春茶或秋茶，在一定的遮阴条件下，均表现出氨基酸含量增加，茶多酚含量减少。

当日照时间长、光度强时，茶树生长迅速，发育健全，不易患虫害病，且叶中多酚类化合物含量增加，适于制造红茶。反之，茶叶受日光照射少，则茶质薄，不易硬化，叶色富有光泽，叶绿质细，多酚类化合物少，适制绿茶。光

带中的紫外线对于提高茶汤的水色及香气有一定影响。高山受紫外线的辐射较平地多，且气温低，霜日多，生长期短，所以高山茶树矮小，叶片亦小，茸毛发达，叶片中含氮化合物和芳香物质增加，故高山茶香气优于平地茶。

（三）土壤：喜酸怕碱

茶树适宜在土质疏松、土层深厚、排水、透气良好的微酸性土壤中生长，以酸碱度（pH 值）在 4.5~5.5 为最佳。

茶树要求土层深厚，至少 1 米以上，其根系才能发育和发展，若有黏土层、硬盘层或地下水位高，都不适宜种茶。石砾含量不超过 10%，且含有丰富有机质的土壤是较理想的茶园土壤。

课堂任务 2　茶叶种类及加工工艺

茶树品种在中国有 350 多种，生产出来的茶叶有 1500 多样。茶树是制造茶叶的原料来源，在茶树上长着的叶子叫作生叶，从茶树上采下来的叶子叫鲜叶，也叫茶青。茶青经过制茶工序而成毛茶，也就是半成品。半成品经过加工成精制茶，才叫"茶叶"。

茶叶的不同是由于制造方法的不同造成的。原则上，从任何一种茶树上摘下来的鲜叶，都可用不同的制造方法，制成任何一款成品茶叶。不同的原料可以加工成同一样茶叶，同种的原料也可以加工成不同的茶叶。当然，哪一品种的茶树适合制成哪种茶叶，是有适制性的。

一、茶叶的采摘与制作

（一）茶叶的采摘

茶叶合理采摘要按"标准、及时、分批、留叶采"的原则来进行。采摘分人工采摘和机械采摘，人工采量比机械少，成本高，价格也较昂贵。然而人工采茶选择性较大，叶片也较完整；机械采茶成本较低，但茶叶无选择性，茶梗、老叶、嫩叶混合在一起。由于成本不同，售价也不同。不同茶类对原料要求不同，采摘标准也不同。

细嫩采：细嫩新梢的采摘。多用于名优茶原料的采摘。采摘对象为茶芽、一芽一叶或一芽二叶初展的新梢，形似"麦颗""雀舌""莲心""旗枪"等。

中采：中等嫩度新梢的采摘。多用于大宗红、绿茶原料的采摘。采摘对象以一芽二叶为主，兼采一芽三叶和同等嫩度的对夹叶。鲜叶质优量多，效益高，应用最普遍。

开面采：叶片完全展开的新梢采摘。待新梢生长形成休止芽的开面状态时的采摘。适制特种茶，主要用于乌龙茶和茯砖茶。此时叶片基本成熟，内含物质丰富，可采下新梢上端的 2~4 片芽叶，成茶具有特殊的香气、滋味。

粗采：也叫"粗老采"，待新梢基本成熟时，割采一芽四五叶或对夹三四叶的采茶方法。多用于边销茶原料的采摘。此时新梢下端已半木质化、粗老，新梢内含物中芳香物质如萜烯醇类、芳樟醇、香叶醇含量下降，其他内含物质丰富，适制紧压茶。成熟与未成熟的新梢可合并采摘。

（二）茶叶的制作

茶叶加工是将茶叶鲜叶加工成茶叶的整个过程。从茶树上采下的鲜叶，静置多长时间开始炒，是茶叶变化的关键，大部分的茶叶制造是以炒青的方法来固定它的发酵度，由此而产生四大系列茶叶，即不发酵茶、部分发酵茶、全发酵茶、后发酵茶。

摘下茶青后，首先要让它失去一些水分，称为萎凋。然后就是发酵，发酵是茶青和空气接触产生氧化作用，它与一般的发酵不同，其实是叶子的"渥红"作用，民间习惯说"发酵"。茶青"渥红"的过程，是影响茶叶品质的关键。茶青的发酵并不是用触酶来发酵，经过萎凋的茶青，其本身所含的成分和空气中的氧气发生作用。经过发酵后的茶叶会从原来的碧绿色逐渐变红，发酵程度越深，颜色越红。发酵也影响茶叶的香气，因发酵程度不同，而有不同的香气种类。不发酵的绿茶是清香，是天然新鲜的香气。全发酵的红茶是麦芽糖香、果蜜香。半发酵的乌龙茶，分为轻发酵（如包种茶）、中发酵（如冻顶茶、铁观音茶）及重发酵（白毫乌龙茶），因此它的香气从花香、果香到熟果香都有。发酵程度不同，对于茶的味道及香气有很大的影响。

当茶青发酵到需要的程度时，用高温把茶青炒熟或蒸熟，从而停止茶青继续发酵，这个过程叫杀青。

杀青之后就进入揉捻的步骤。经过揉捻可以揉出所需要的茶叶形状，同时把叶细胞揉破，使得茶叶所含的成分在冲泡时容易溶入茶汤中。干茶的外形有条索形、半球形、全球形和碎片形等。一般说来，干茶的外形越是紧结就越耐泡。在冲泡的时候，为了使内含物质完全溶出，应该用温度高一点的水冲泡。

揉捻成形之后要做干燥处理。干燥的目的是将茶叶的形状固定，便于保存使之不容易变质。

经过这些步骤制作出来的茶叶就是初制茶叶了，也称为毛茶。

初制完成后，为了让茶叶成为更高级的商品，要拣去茶梗，再烘焙成精制茶。茶叶制成之后用火慢慢地烘焙使茶叶从清香转为浓香，这个过程称为焙火。造成茶叶特性不同的要素，除了发酵之外就是焙火，焙火和发酵对于茶叶产生的结果不同。发酵影响茶汤颜色的深浅；焙火关系到茶汤颜色的明亮度。焙火越重，茶汤颜色变得越暗，茶的味道也变得更老沉。焙火影响茶叶的品质特性，焙火越重，咖啡碱与茶单宁（多酚类）挥发得越多，刺激性也就越少。所以喝茶睡不着觉的人，可以喝焙火较重、发酵较多的茶。

1. 不发酵茶（绿茶）

绿茶制作流程：杀青、揉捻、干燥。鲜叶即刻炒定干燥，由于不发酵（相对其他基本茶类而言），对鲜叶的颜色改变不大。

2. 部分发酵茶（黄茶、白茶、青茶）

黄茶制作流程：杀青、揉捻、闷黄、干燥。

白茶制作流程：萎凋、干燥。

青茶制作流程：晒青、做青、杀青、揉捻、干燥。

鲜叶静置一定时间后炒定干燥。这类茶叶是最复杂的，因为静置时间的长短不同，发生变化的程度不同，发酵度从 10%~70% 都有，干茶呈现从青色到青褐色，发酵程度越高青色越深，总的来说呈现的颜色是青蛙皮的颜色。

3. 全发酵茶（红茶）

红茶制作流程：萎凋、揉捻（切）、发酵、干燥。鲜叶静置时间长，叶片完全变红，干茶呈暗红色。

4. 后发酵茶（黑茶）

黑茶制作流程：杀青、揉捻、干燥、渥堆、复揉、干燥。后发酵是指经过高温作业（如杀青、干燥）以后进行的发酵。它是相对于"前发酵"而言的，红茶发酵是在干燥之前进行的发酵，乌龙茶部分发酵是在杀青之前进行的发酵。普洱茶是干燥以后的发酵，湖南黑茶、四川边茶、湖北老青茶都是杀青以后的发酵，性质基本相同。

二、茶叶分类的不同方法

（一）按照生产季节分类

按照生产季节可将茶叶分为春茶、夏茶、秋茶、冬茶。春茶可进一步分为明前茶、谷雨茶，还可以按照发芽轮次分为头茶、二茶、三茶、四茶。

春茶是指由越冬芽生长的春季头轮新梢制作的茶叶。长江中下游茶叶主产区一般从 3 月中旬开始至 5 月中下旬结束，华南茶区在 2~3 月开采。春季温度适中，雨量充足，再加上茶树经过了冬季的休养生息，使得春季茶芽肥硕，色泽翠绿，叶质柔软，含有丰富的维生素和氨基酸。因此，春茶特别是早春茶，往往是一年中绿茶品质最优的。

夏茶是指夏季生长的新梢制作的茶叶。长江中下游茶叶主产区一般在 6 月上旬至 7 月下旬，于春茶结束后间隔 10 天左右开采。夏季天气炎热，茶树新梢芽叶生长迅速，使得能溶解茶汤的水浸出物含量相对减少，特别是氨基酸等物质的减少使得茶汤滋味、香气不如春茶强烈，由于带苦涩味的花青素、咖啡碱、茶多酚含量比春茶多，使芽叶紫色色泽深浅不一，滋味较为苦涩。

秋茶是指秋季生长的新梢制作的茶叶。采摘时间为 8 月上旬至 10 月上中旬。秋季气候条件介于春夏之间，茶树经春夏生长、新梢芽内含物质相对减少，叶片大小不一，叶底发脆，叶色发黄，滋味和香气显得比较平和。秋茶品质优于夏茶，茶叶鲜爽，回味甘甜，但不如春茶。

冬茶大约在 10 月下旬开始采制。冬茶是在秋茶采完，气候逐渐转冷后生长的。因冬茶新梢芽生长缓慢，内含物质逐渐增加，所以滋味醇厚，香气浓烈。

（二）按照加工过程分类

按照粗加工、精加工和深加工三个加工过程，可将茶叶分为毛茶和成品茶。其中毛茶分绿茶、红茶、青茶、白茶和黑茶五大类，将黄茶归为绿茶一类。成品茶包括精制加工的绿茶、红茶、青茶、白茶和再加工的花茶、紧压茶和速溶茶等七类。按照鲜叶加工方法不同，首先可分为杀青茶类和萎凋茶类两

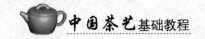

大类。杀青茶类根据氧化程度轻重可分为绿茶、黄茶和黑茶三类。萎凋茶类根据萎凋程度轻重可分为青茶、红茶和白茶三类。

（三）按照销路分类

按照销路类，是贸易和命名上的习惯，一般分为内销茶、外销茶、边销茶和侨销茶四类。

（四）按生产地分类

按生产国家分类如中国绿茶、锡兰红茶。也有按产茶省或区域分类命名，如中国的祁红（安徽红茶）、滇红（云南红茶）、川红（四川红茶）、庐山云雾茶（江西九江）和阿萨姆红茶（印度红茶）等。

（五）按茶叶品质和制作方法系统性分类

茶学专家陈橼先生以茶叶变色理论为基础，从茶叶品质系统性和制作方法的系统性进行茶叶分类，将中国茶叶分为基本茶类和再加工茶类两大部分，其中基本茶类分为绿茶、黄茶、黑茶、白茶、青茶（乌龙茶）和红茶六大类；以各种毛茶或精制茶再加工而成的称为再加工茶，包括花茶、紧压茶、萃取茶（罐装饮料茶、浓缩茶、速溶茶）及药用茶等。紧压茶以基本茶类为原料，经加工、蒸压成型而制成。萃取茶以成品茶或半成品茶为原料，用热水萃取茶叶中的可溶物，过滤弃去茶渣，获得的茶汁经浓缩或不浓缩、干燥或不干燥，制成固态或液态茶。药茶将药物与茶叶配伍，制成药茶，以发挥和加强药物的功效，利于药物的溶解，增加香气，调和药味。这种茶的种类很多，如午时茶、姜茶散、益寿茶、减肥茶等。

三、基本茶类

（一）绿茶

绿茶是我国产量最多的一类茶叶，属不发酵茶，具有清汤绿叶的品质特点，全国20个产茶省（区）都生产绿茶。根据加工工艺的不同，分为炒青绿茶、烘青绿茶、蒸青绿茶和晒青绿茶。炒青是以炒滚方式为主干燥的茶，分长炒青或圆炒青。烘青是以烘焙方式干燥，呈长条形的茶。晒青是以日晒方式干燥，呈长条形的茶。蒸青是以蒸汽杀青方式制作的茶。

这类茶的茶叶颜色呈翠绿色，泡出来的茶汤是黄绿色，因此称为绿茶。如龙井、碧螺春、黄山毛峰、太平猴魁、六安瓜片、庐山云雾、信阳毛尖、恩施玉露、蒙顶甘露、都匀毛尖等。

颜色：嫩绿、翠绿或黄绿，久置或与热空气接触易变色。

原料：嫩芽、嫩叶，不适合久置。

香味：清新的绿豆香，味清淡微苦。

性质：茶性较寒凉，茶多酚、咖啡碱保留鲜叶的85%以上，叶绿素保留50%左右，维生素损失也较少。

根据 GB/T 14456-2018《绿茶》，绿茶的花色品种包括大叶种绿茶、中小叶种绿茶、珠茶、眉茶、蒸青茶。

1. 大叶种绿茶

大叶种绿茶是用大叶种茶树的鲜叶，经过摊青、杀青、揉捻、干燥、整形等加工工艺制成的绿茶。根据加工工艺的不同分为蒸青绿茶、炒青绿茶、烘青绿茶和晒青绿茶。炒青绿茶、烘青绿茶和晒青绿茶不再细分毛茶和精制茶。

大叶种蒸青绿茶按产品感官品质的不同，分为特级（针形）、特级（条形）、一级、二级、三级。

大叶种炒青绿茶、烘青绿茶按照产品感官品质的不同，分为特级、一级、二级、三级。

大叶种晒青绿茶按照产品感官品质的不同，分为特级、一级、二级、三级、四级、五级。

2. 中小叶种绿茶

中小叶种绿茶是用中小叶种茶树的芽、叶、嫩茎为原料，经过杀青、揉捻、干燥等工艺加工制成的绿茶产品。

炒青绿茶按产品形状的不同分为长炒青绿茶、圆炒青绿茶、扁炒青绿茶。不同形状的产品按照感官品质要求分为：特级、一级、二级、三级、四级、五级。

烘青绿茶按照感官品质要求分为特级、一级、二级、三级、四级、五级。

3. 珠茶

珠茶是以圆炒青绿茶为原料，经筛分、风选、整形、拣剔、拼配等精制工序制成的、符合一定规格的成品茶。根据加工和出口需要，产品分为特级

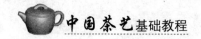

（3505）、一级（9372）、二级（9373）、三级（9374）、四级（9375）。[注：括号中编号为出口商品的代号。]

4. 眉茶

眉茶是以长炒青绿茶为原料，经筛分、切轧、风选、拣剔、车色、拼配等精制工序制成的、符合一定规格要求的成品茶。根据加工和出口需要，产品分为珍眉、雨茶、秀眉和贡熙。

5. 蒸青

蒸青是以茶树的鲜叶、嫩茎为原料，经蒸汽杀青、揉捻、干燥、成型等工序制成的绿茶产品。产品依据感官品质分为特级、一级、二级、三级、四级、五级和片茶。

（二）黄茶

根据鲜叶原料和加工工艺的不同，黄茶分为芽型（单芽或一芽一叶初展）、芽叶型（一芽一叶、一芽二叶初展）、多叶型（一芽多叶和对夹叶）和紧压型（采用上述原料经蒸压成型）四种。

黄茶属轻微发酵茶，传统制作发酵程度约为10%，现在各种不同的黄茶，发酵程度不同，最高不超过50%，表现为黄亮至橙黄亮，没有明显红色出现。黄茶是一种酚类物质自动氧化的茶类，制造工艺似绿茶，过程中加以闷黄，具有黄汤黄叶的特点，主要有君山银针、蒙顶黄芽、霍山黄芽、沩山毛尖、鹿苑毛尖、平阳黄汤、霍山黄大茶等。

颜色：黄叶黄汤。

原料：带有茸毛的芽头，用芽或芽叶制成。

香味：香气清纯，滋味醇和。

性质：凉性，产量少。

（三）黑茶

黑茶是以茶树鲜叶和嫩梢为原料，经杀青、揉捻、渥堆、干燥等加工工艺制成的茶，分为散茶和紧压茶。

黑茶类属后发酵茶（随时间的不同，其发酵程度会变化）。这类茶传统以销往俄罗斯等国家及我国边疆地区为主，因此，习惯上把黑茶制成的紧压茶称为边销茶。主要有普洱茶、花卷茶、湘尖茶、康砖、方包茶、老青茶、六堡茶、茯茶等。

颜色：青褐、乌褐、黑褐色，汤色橙黄、橙红或深红。

原料：花色、品种丰富，大叶种等茶树的粗老梗叶或鲜叶经后发酵制成。

香味：具陈香，滋味醇厚回甘。

性质：温和。属后发酵，可存放较久，耐泡耐煮。

（四）白茶

白茶是以茶树的芽、叶、嫩茎为原料，经萎凋、干燥、拣剔等特定工艺过程制成的茶。根据茶树品种和原料要求的不同，分为白毫银针、白牡丹、贡眉、寿眉四种产品。

白茶类属轻微发酵茶（发酵度：10%）。加工时不炒不揉，只将细嫩、叶背满茸毛的茶叶晒干或用文火烘干，而使白色茸毛完整地保留下来。白茶制法既不破坏酶的活性，又不促进氧化作用，所以保持毫香显现，汤味鲜爽。

颜色：色白隐绿。泡出来的茶汤呈浅杏黄色。

原料：用福鼎大白茶种的壮芽或嫩芽制造，大多是针形或长片形。

香味：汤色浅淡，味清鲜爽口、甘醇、香气清纯。

性质：寒凉，可存放较久，有退热祛暑消炎作用。

（五）乌龙茶

乌龙茶按产地不同，分为福建乌龙茶、广东乌龙茶和台湾乌龙茶。

青茶类属半发酵茶（发酵度：10%~70%），俗称乌龙茶。制作时适当发酵，使叶片稍红变，是介于绿茶与红茶之间的一种茶类。它既有绿茶的清香，又有红茶的甜醇。因其叶片中间为绿色，叶缘呈红色，故有"绿叶红镶边"之称。主要有铁观音、黄金桂、水仙、肉桂、单丛、佛手、大红袍、白毫乌龙等。

颜色：青绿、青褐，泡出来的汤色为蜜绿色或蜜黄色。

原料：两叶一芽，枝叶连理，大都是对口叶，芽叶已成熟。

香味：花香果味，从清新的花香、果香到熟果香都有，滋味醇厚回甘，略带微苦亦能回甘。

性质：温凉。略具叶绿素、维生素 C，茶碱、咖啡碱约有 3%。

（六）红茶

红茶是用茶树新梢的芽、叶、嫩茎，经过萎凋、揉捻、切碎、发酵、干燥等工艺加工，表现红色特征的茶。包括红碎茶、工夫红茶、小种红茶。

红茶类属全发酵茶（发酵度：100%）。因为它的颜色是深红色，泡出来的茶汤又呈朱红色，所以叫红茶。如祁门红茶、滇红、宁红、宜红、金骏眉等。

颜色：干茶乌褐，汤色橙红、红。

原料：大叶、中叶、小叶都有。

香味：甜香、麦芽糖香，焦糖香，滋味鲜浓醇爽。

性质：温和。茶多酚减少，产生了茶黄素、茶红素等新成分。

红碎茶分为大叶种红碎茶和中小叶种红碎茶两种产品。有叶茶、碎茶、片茶和末茶四个花色，各花色的规格根据贸易需要确定。

工夫红茶根据茶树品种和产品要求的不同，分为大叶种工夫红茶和小叶种工夫红茶。分别分为特级、一级、二级、三级、四级、五级、六级。

小种红茶根据产地、加工和品质的不同，分为正山小种和烟小种两种产品。正山小种是指产于武夷山市星村镇桐木村及武夷山自然保护区域内的茶树鲜叶，用当地传统工艺制作，独具似桂圆干香味及松烟香的红茶产品，根据产品质量，分为特级、一级、二级、三级共 4 个级别。烟小种是指产于武夷山自然保护区域外的茶树鲜叶，以工夫红茶的加工工艺制作，最后经松烟熏制而成，具松烟香味的红茶产品。根据产品质量，分为特级、一级、二级、三级、四级共 5 个级别。

四、中国主要茶区及名茶

目前，全国有 20 个省、市、自治区生产茶叶，1986 年中国农业科学院茶叶研究所在《中国茶树栽培学》中，根据自然、社会经济条件、茶叶生产特点和发展水平，以及行政区域等因素，将中国产茶区划分为江南、江北、西南和华南四大茶区。茶区分布南起北纬 18° 的海南省榆林，北至北纬 37° 的山东省荣成，东起东经 122° 的台湾东岸的花莲县，西至东经 94° 的西藏自治区米林。

（一）江南茶区

江南茶区是指中国长江以南、南岭以北的茶树生长区域，包括浙江、湖南、江西省全境，广东、广西、福建三省北部和安徽、江苏、湖北三省南部等地，是中国主要产茶区，年产量约占总产量的 2/3。茶园主要分布在丘陵地带，少数在海拔较高的山区，属中亚热带、南亚热带季风气候区，四季分明，全年平均气温 15℃～18℃，极端最低气温可达 -15℃～-8℃。年降水量 1100~1600 毫米，春夏季雨水最多，年干燥指数小于 1.00，空气相对湿度 80% 左右。茶区土壤为红壤、黄壤、山地灰化土、山地黄棕壤等。

江南茶区生产茶类有绿茶、红茶、乌龙茶、黄茶、黑茶。

（1）绿茶。浙江的西湖龙井、淳安大方、顾渚紫笋、金奖惠明、开化龙顶、天目青顶、双龙银针、江山绿牡丹、安吉白茶、华顶云雾、泉岗辉白、普陀佛茶、雁荡毛峰、千岛玉叶等；湖南的安化松针、古丈毛尖、五盖山米茶、高桥银峰、古洞春芽、江华毛尖、南岳云雾、韶山韶峰、桃江竹叶、东山云雾、月牙茶、郴州碧云、太青云峰等；江西的庐山云雾、狗牯脑、婺绿、双井绿、上饶白眉、大鄣山云雾茶、井冈翠绿、麻姑茶、梅岭毛尖、万龙松针、攒林茶、苦甘香茗等；安徽（皖南）的黄山毛峰、太平猴魁、休宁松萝、老竹大方、敬亭绿雪、涌溪火青、瑞草魁、九华毛峰、黄山翠竹等；江苏（苏南）的洞庭碧螺春、南京雨花茶、无锡毫茶、梅龙茶、金坛雀舌、前峰雪莲、南山寿眉、金山翠芽、天池茗毫等；湖北（鄂西南）的恩施玉露、峡州碧峰、金水翠峰、碧叶青、采花毛尖等。广东（粤北）的仁化银毫、乐昌白毛茶、广北银尖等；广西（桂北）的龙脊茶、资源云雾茶、桂林银毫等；福建（闽北）的福云曲毫、金绒凤眼等。

（2）红茶。浙江的越红工夫茶；湖南的湖红工夫茶；江西的宁红工夫茶；福建（闽北）的正山小种、金骏眉；湖北的宜红工夫茶；安徽的祁门工夫茶等。

（3）乌龙茶。福建（闽北）的大红袍、铁罗汉、白鸡冠、水金龟、武夷肉桂、白毛猴、闽北水仙等。

（4）黄茶。湖南的君山银针、北港毛尖、沩山毛尖；浙江的温州黄汤、莫干黄芽。

（5）黑茶。湖南的黑毛茶、湖尖、黑砖茶、花砖茶、茯砖茶等；湖北的老青茶。

（二）江北茶区

江北茶区是指长江以北的茶树生长区域，包括河南、陕西、甘肃、山东四省南部和安徽、江苏、湖北三省北部，是中国北部茶区。属北亚热带和暖温带季风气候区，茶区年平均气温 13℃～16℃，极端最低气温可达 –20℃。年降水量约 1000 毫米，分布不匀，茶树较易受旱。年干燥指数 0.75~1.00，年均空气相对湿度 75% 左右，东部和南部可大于 75%。茶区土壤多属黄棕壤、黄褐土和紫色土，是中国南北土壤的过渡类型，少数山区的气候适宜茶树生长。

江北茶区生产的茶类有绿茶、黄茶。

（1）绿茶。河南（豫南）的信阳毛尖、豫毛峰、仙洞云雾、龙眼玉叶、白云毛峰、金刚碧绿等；陕西（陕南）的午子仙毫、秦巴雾毫、八仙云雾、汉水银梭、紫阳毛峰、巴山碧螺等；甘肃（陇南）的碧峰雪芽、碧口龙井等；山东（鲁南）的浮来青、日照雪青、崂山绿茶、临沭绿茶等；安徽（皖北）的六安龙芽、舒城兰花茶、天柱剑毫、金寨翠眉、皖西早花茶、岳西翠兰、昭关松针等；江苏（苏北）的云台云雾、花果山云雾茶等；湖北（鄂北）的车云山毛尖、仙人掌茶、双桥毛尖、武当针井、天堂云雾、神农奇峰、天台翠峰、大悟毛尖等。

（2）黄茶。安徽（皖北）的霍山黄芽、霍山黄大茶。

（三）西南茶区

西南茶区是指中国西南部的茶树生长区域，包括云南、贵州、四川、重庆中北部及西藏自治区东南部，是中国最古老的茶区。这里地形复杂，海拔高低悬殊，垂直气候变化大，属亚热带季风气候，冬暖夏凉。极端最低气温 –8℃～–5℃。年降水量 1000 毫米以上，降水分布极不均衡，年干燥指数小于 1.00，很多地区小于 0.75，空气相对湿度大于 80%。茶区土壤为黄壤、山地红壤、山地黄棕壤和赤红壤，云南西部土壤有机质含量较高。

西南茶区生产的茶类有红茶、绿茶、黄茶、黑茶、花茶。

（1）红茶。云南的滇红；四川的川红等。

（2）绿茶。云南的宜良龙井、十里贡茶、感通茶等；贵州的都匀毛尖、梵净山贡茶、羊艾毛峰、湄江翠片、遵义毛峰、银球茶、黄果树毛峰、龙泉剑茗等；四川的蒙顶甘露、青城雪芽、蒙顶石花、万春银叶、竹叶青、巴山雀舌、云顶绿芽、峨眉雪芽、龙湖翠等；重庆的永川秀芽、巴山银芽、东印雀舌等；西藏的西藏绿茶。

（3）黄茶。四川的蒙顶黄芽。

（4）黑茶。贵州的古钱茶；四川的四川边茶、金尖、茯砖、康砖、青砖、方包茶等；重庆的沱茶。

（5）花茶。四川的碧潭飘雪、龙都香茗茶等。

（四）华南茶区

华南茶区是中国最南部的茶树生长区域，包括广东中南部、广西南部、云南南部、福建东南部、台湾地区、海南省，是中国最适宜茶树生长的地区。属热带、南亚热带季风气候。年平均气温18℃~24℃，极端最低气温-4℃~-2℃，茶树生长期10个月以上。年降水量是中国茶区之最，平均降水量在1200~2000毫米，空气相对湿度大于80%，大部分地区干燥指数小于1.00。茶区土壤为砖红壤、黄壤、红壤、山地灰化土，土层深厚，有机质含量丰富。

华南茶区生产的茶类有绿茶、乌龙茶、红茶、白茶、黄茶、黑茶、花茶。

（1）绿茶。云南（滇南）的思茅雪兰、南糯白毫、勐海佛香茶、腾翠眉绿、墨江云针等；广东（粤南）的古劳茶、大叶种绿茶、海鸥翠芽等；广西（桂南）的龙山绿茶、凌云白毫、南山白毛茶等；福建（闽南）的石亭绿、龙岩斜背茶等；台湾的海山龙井等；海南的五指山绿茶、白沙绿茶、海南大白毫等。

（2）乌龙茶。广东的凤凰单丛、凤凰水仙、饶平色种、岭头单丛、白叶单丛等；福建的铁观音、黄金桂、闽南色种、本山、毛蟹、永春佛手、透天香等；台湾的文山包种、木栅铁观音、冻顶乌龙、白毫乌龙、寿山茶等。

（3）红茶。广东的英德红茶；福建的政和工夫、坦洋工夫、白琳工夫；台湾的日月潭红茶。

（4）白茶。福建的白毫银针、白牡丹、寿眉等。

（5）黄茶。广东的大叶青、白云茶。

（6）黑茶。云南的普洱散茶、七子饼茶、竹筒茶、砖茶、沱茶等；广西的六堡茶、白牛茶、六垌茶、修仁茶等。

（7）花茶。广东的茉莉花茶；广西的茉莉花茶、桂花茶；福建的大白毫茉莉花茶、龙团珠茉莉花茶；台湾的桂花乌龙、薰香片。

课堂任务 3　茶叶品质鉴别

茶叶品质一般是指茶叶的色、香、味、形与叶底。从茶叶饮用需要而言，茶汤的香气和滋味应是品质的核心；从茶叶的商品价值而言，美观的外形与光润的色泽是购买的第一印象。感官审评茶叶品质的优劣，往往先看外形，再看汤色、嗅香气、尝滋味、评叶底。

一、茶叶品质形成

（一）茶叶的形状

茶叶形状分为干茶形状和叶底形状。

1. 干茶形状

茶叶的外形是由制茶工艺决定的，由于工艺不同，茶叶的形状千姿百态，各具特色。同一种鲜叶可以制成不同的外形，同一种外形也可以用不同的鲜叶来制成。茶叶的外形以规整、松紧适宜为上。

根据茶树品种及采制技术的不同，茶叶形状分为条形、卷曲形、圆珠形、扁形、针形、尖形、花朵形、束形、颗粒形、片形、粉末形、雀舌形、环钩形、藤蔓形、米粒形、团块形、螺钉形等。

2. 叶底形状

叶底即冲泡后的茶渣。茶叶在冲泡时吸收水分膨胀到鲜叶时的大小，比较直观，从叶底可分辨茶叶的真假，也可分辨茶树品种及栽培状况的好坏，并能观察出采制中的一些问题。再结合老嫩、整碎、色泽等方面，可较全面地综合分析不同茶叶各自的品质特点及影响因素。叶底形状类型主要有芽形、雀舌形、花朵形、整叶形、半叶形、碎叶形、末形等。

一般来说绿茶的外形有条形、圆形、卷曲形、扁形、自然花瓣形、针形、环钩形、片形、尖形等；红茶的外形有红条茶和红碎茶；黄茶的形状有条形、芽尖形、兰花形；白茶未经揉捻，其形状大多呈自然花瓣形，其中白毫银针为全芽尖，满披白毫，形似针而得名；青茶（乌龙茶）根据产地及加工方法不同，有直条形、卷曲呈蜻蜓头形和圆结呈半球形之分；黑茶中的黑毛茶原料较粗老，外形为条形，但显粗松。压制时根据压制模型的不同，可以分为砖形、枕形等。另外，以云南晒青毛茶为原料加工成紧压茶的有沱茶、饼茶、砖茶等。

很多名茶的外形已经是社会所熟悉约定俗成的形状，不能改动，如西湖龙井、碧螺春、太平猴魁、六安瓜片、庐山云雾、安溪铁观音等。

（二）茶叶的色泽

茶叶的色泽是由鲜叶中所含的有色物质，经过不同的加工工艺产生变化而形成，包括干茶色泽、茶汤色泽和叶底色泽。鲜叶中的有色物，主要有叶绿素、胡萝卜素、叶黄素、黄酮类物质和花青素等。其中叶绿素 a 呈蓝绿色，叶绿素 b 呈黄绿色。胡萝卜素呈黄色或橙色，叶黄素呈黄色，黄酮类物质也呈黄色，其氧化产物大都呈黄色或棕红色。

1. 干茶色泽

绿茶的干茶色泽主要有银白隐翠型、嫩绿型、深绿型、墨绿型、黄绿型、金黄隐翠型、嫩黄型、黑褐型等。

黄茶的干茶色泽主要有嫩黄型和金黄型等。

黑茶的干茶色泽主要有棕褐型、黑褐型等。

白茶的干茶色泽主要有银白型、灰绿型和灰绿带黄型等。

乌龙茶的干茶色泽主要有橙红型、砂绿型、青褐型和灰绿型等。

红茶的干茶色泽主要有乌黑型、棕红型、褐黑型和橙红型等。

2. 茶汤色泽

绿茶的茶汤色泽主要有浅绿型、杏绿型、绿亮型、黄绿型和橙黄型等。

黄茶的茶汤色泽主要有杏黄型、橙黄型等。

黑茶的茶汤色泽主要有橙黄型、橙红型和深红型等。

白茶的茶汤色泽主要有浅黄型、橙黄型和深黄型等。

乌龙茶的茶汤色泽主要有金黄型、橙黄型、橙红型和黄绿型等。

红茶的茶汤色泽主要有橙红型、红亮型、红艳型和深红型等。

3. 叶底色泽

绿茶的叶底色泽主要有嫩黄型、嫩绿型、鲜绿型、绿亮型和黄绿型等。

高级黄茶的典型叶底色泽为嫩黄型。

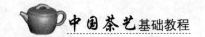

黑茶的叶底色泽主要有黄褐型、棕褐型和黑褐型等。

白茶的叶底色泽主要有银白型、灰绿型和黄绿型等。

乌龙茶的叶底色泽主要有绿叶红镶边型、黄亮叶红镶边型和橙红型等。

红茶的叶底色泽主要有红亮型和红艳型等。

（三）茶叶的香气

茶叶香气是由性质不同、含量悬殊的众多物质组成的混合物。迄今为止已鉴定的茶叶香气物质约有 700 种，但其主要成分仅为数十种。随着分析检测技术的不断发展及研究的不断深入，新的香气物质还在不断发现。

绿茶中的芳香成分约有 260 种，香气一般为毫香、嫩香、花香、清香、栗香、高香；红茶中组成香气的芳香物质大约有 400 种之多，在经过萎凋、发酵过程中芳香物质经酶促氧化作用、水解作用和异构化作用后，生成部分高沸点的花香和果香型的芳香物质，使红茶香气呈甜香型。不同品种的青茶（乌龙茶），具有各自的香气特征，优质铁观音有兰花香，黄旦茶有蜜桃香或梨香，毛蟹茶有清花香，肉桂茶有桂皮香，单丛茶有黄枝香、花蜜香、芝兰香，冻顶茶有兰花香，金萱茶有奶香等。但品种香气潜质能否充分发挥，还取决于鲜叶质地、采制季节和天气条件。春季新梢生长一致，鲜叶质地好，匀度好，如果天气晴朗，做青温湿度较易调节，加工工艺能正常发挥，使芳香物质的转化恰到好处，所以春茶香气清醇丰满，品种香气特征明显；夏茶生长参差不齐，多酚类含量高，鲜叶老嫩不匀，加以夏季高温，多酚类酶性氧化加速，做青难以达到适度，故香淡味涩。

（四）茶叶的滋味

茶叶是饮料，它的饮用价值主要体现于溶解在茶汤中的对人体有益物质含量的多少，及有味物质组成配比是否适合消费者的要求。茶汤滋味因鲜叶质量、制法的不同及茶汤中呈味成分的数量、比例及组成的不同，人们尝到的茶味多种多样。鲜叶中的呈味物质按其溶解性可分为水溶性和水不溶性两大类，水溶性物质直接参与滋味的形成，水不溶性物质虽不直接参与呈味，但经不同的制造工艺，在酶及水热作用下，有部分转变成水溶性物质而对滋味产生影响。鲜叶中的呈味物质主要有涩味的儿茶素、鲜爽味的氨基酸、甜的可溶性糖和苦味的咖啡碱等，经不同的制造工艺，可形成各不相同的滋味特征。茶叶的滋味以甘、润、鲜、滑、醇为上。绿茶茶汤中各种呈味物质在加工工艺中因湿热水解作用、异构化作用等形成了浓醇鲜爽的滋味特征，鲜是氨基酸的反映，醇是氨基酸与茶多酚含量比例协调的结果。

就红茶品质而言，氨基酸的作用处于辅助地位，多酚类是主要的呈味物质，工夫红茶以鲜、浓、醇、爽为主，红碎茶以浓、强、鲜为主。红茶中的鲜爽度不像绿茶取决于氨基酸，而是取决于茶黄素，茶黄素是茶汤刺激性和鲜爽度的决定性成分。茶黄素含量高，则茶汤刺激性强。茶红素是茶汤红浓度和醇度的主要物质。当茶黄素和茶红素的含量高且比例适当时，茶汤滋味浓而鲜爽且富刺激性，是红茶品质好的表现。茶褐素是使茶汤发暗、叶底暗褐的主要物质，它的含量增多对品质不利。

二、茶叶感官审评方法

茶叶感官审评是指审评人员运用正常的视觉、嗅觉、味觉、触觉等辨别能力，对茶叶产品的外形、汤色、香气、滋味、叶底等品质因子进行综合分析和评价的过程。

（一）审评环境

符合 GB/T 18797 的要求。

（二）审评设备

包括：干性审评台、湿性审评台、评茶标准杯碗、评茶盘、分样盘、叶底盘、扦样匾（盘）、分样器、称量用具、计时器、刻度尺、网匙、茶匙、烧水壶、茶筅。

（三）审评用水

理化指标及卫生指标符合 GB5749 的规定，同一批茶叶审评用水水质应一致。

（四）审评

1.取样方法

初制茶取样方法有匀堆取样法、就件取样法和随机取样法，取样后应将扦取的原始样充分拌匀后，用分样器或对角四分法扦取 100~200 克两份作为审评用样，其中一份直接用于审评，另一份留存备用。

精制茶取样方法按照 GB/T8302 规定执行。

2. 审评因子

初制茶审评因子：按照茶叶的外形（包括形状、嫩度、色泽、整碎和净度）、汤色、香气、滋味和叶底"五项因子"进行。

精制茶审评因子：按照茶叶外形的形状、色泽、整碎和净度，内质的汤色、香气、滋味和叶底"八项因子"进行。

3. 审评要素

外形：干茶审评其形状、嫩度、色泽、整碎和净度。紧压茶审评其形状规格、松紧度、匀整度、表面光洁度和色泽。分里、面茶的紧压茶，审评是否起层脱面、包心是否外露等。茯砖加评"金花"是否茂盛、均匀及颗粒大小。

汤色：茶汤审评其颜色种类与色度、明暗度和清浊度等。

香气：香气审评其类型、浓度、纯度、持久性。

滋味：茶汤审评其浓淡、厚薄、醇涩、纯异和鲜钝等。

叶底：叶底审评其嫩度、色泽、明暗度和匀整度（包括嫩度的匀整度和色泽的匀整度）。

4. 外形审评方法

将缩分后的有代表性的茶样 100~200 克，置于评茶盘中，双手握住茶盘对角，用回旋筛转法，使茶样按粗细、长短、大小、整碎顺序分层并顺势收于评茶盘中间呈馒头形，根据上层、中层、下层，用目测、手感等方法，通过翻动茶叶、调换位置，反复查看比较外形。

5. 茶汤制备方法与各因子审评顺序

（1）红茶、绿茶、黄茶、白茶、乌龙茶采用柱形杯审评法。取有代表性茶样 3 克或 5 克，茶水比 1:50，置于相应的评茶杯中，注满沸水、加盖、计时，绿茶冲泡 4 分钟，黄茶、白茶、乌龙茶（条型、卷曲型）、红茶冲泡 5 分钟，乌龙茶（圆结型、拳曲型、颗粒型）冲泡 6 分钟，依次等速滤出茶汤，留叶底于杯中，按汤色、香气、滋味、叶底的顺序逐项审评。

（2）乌龙茶还可用盖碗审评法。取有代表性茶样 5 克，置于 110 毫升倒钟形评茶杯中，快速注满沸水，用杯盖刮去液面泡沫，加盖。1 分钟后，揭盖嗅其盖香，评茶叶香气，至 2 分钟沥茶汤入评茶碗中，评汤色和滋味。接着第二次冲泡，加盖，1~2 分钟后，揭盖嗅其盖香，评茶叶香气，至 3 分钟沥茶汤入评茶碗中，再评汤色和滋味。第三次冲泡，加盖，2~3 分钟后，评香气，至 5 分钟沥茶汤入评茶碗中，评汤色和滋味。最后闻嗅叶底香，并倒入叶底盘中，审评叶底。结果以第二次冲泡为主要依据，综合第一、第三次，统筹评判。

（3）黑茶（散茶）用柱形杯审评法。取有代表性茶样 3 克或 5 克，茶水比 1∶50，置于相应的评茶杯中，注满沸水、加盖浸泡 2 分钟，按冲泡次序依次等速将茶汤沥入评茶碗中，审评汤色，嗅杯中叶底香气、尝滋味后，进行第二次冲泡，时间 5 分钟，沥出茶汤依次审评汤色、香气、滋味、叶底。结果汤色以第一泡为主评判，香气、滋味以第二泡为主评判。

（4）紧压茶用柱形杯审评法。取有代表性茶样 3 克或 5 克，茶水比 1∶50，置于相应的评茶杯中，注满沸水，依紧压程度加盖浸泡 2~5 分钟，按冲泡次序依次等速将茶汤沥入评茶碗中，审评汤色、嗅杯中叶底香气、尝滋味后，进行第二次冲泡，时间 5~8 分钟，沥出茶汤依次审评汤色、香气、滋味、叶底。结果以第二泡为主，综合第一泡进行评判。

6. 汤色审评方法

目测审评茶汤，应注意光线、评茶用具等的影响，可调换审评碗的位置以减少环境光线对汤色的影响。

7. 香气审评方法

一手持杯，一手持盖，靠近鼻孔，半开杯盖，嗅评杯中香气，每次持续 2~3 秒后随即合上杯盖。可反复 1~2 次，结合热嗅（75℃）、温嗅（45℃）、冷嗅（杯温接近室温）进行。

8. 滋味审评方法

用茶匙取适量（5 毫升）茶汤于口内，通过吸吮使茶汤在口腔内循环打转，接触舌头各部位，吐出茶汤或咽下，适宜审评的茶汤温度为 50℃。

9. 叶底审评方法

精制茶采用黑色叶底盘，毛茶与乌龙茶等采用白色搪瓷叶底盘，操作时将杯中茶叶全部倒入叶底盘中，白色搪瓷叶底盘中要加入适量清水，让叶底漂浮起来。

三、茶的鉴别

（一）真假茶的鉴别

假茶就是用类似茶树叶片和嫩芽的其他植物的芽叶，按茶叶的加工工艺进行加工，做成形似茶叶并冒充茶叶销售的物品。但现在有些植物如苦丁、银杏的叶子已被人们作为清凉保健的饮料，习惯上也被称为苦丁茶、银杏茶等，应与充当茶叶的假茶相区别。开汤审评是鉴别真假茶比较准确的方法，开汤时按双杯审评方法，即每杯称样 3 克，置于 150 毫升审评杯中。第一杯冲泡 5 分钟，用以审评香气滋味，看其有无茶叶所特有的茶香和茶味；第二杯冲泡 10 分钟，以使叶片完全开展后，置放于白色漂盘中观察有无茶叶的植物学特征。

（1）茶叶的芽及嫩叶的背面有银白色的茸毛，随着叶质的成熟老化，茸毛会逐渐消失。假茶一般没有茸毛。

（2）嫩枝茎成圆柱形。

（3）叶片边缘锯齿显著，嫩叶的锯齿浅，老叶的锯齿深，锯齿上有腺毛。老叶腺毛脱落后，留有褐色疤痕。近叶基部锯齿渐稀。而假茶叶片则无锯齿或锯齿形状和分布状况与真茶不同。

（4）叶面分布着网状叶脉，主脉直射顶端，侧脉伸展至离叶缘 2/3 处向上弯，连接上一侧脉，主脉与侧脉又分出细脉，构成网状。而假茶叶脉形状不同，多数呈羽毛状，有的直达叶片边缘。

当茶叶已被切碎或由于其他原因通过感官审评难以辨别其真假时，可通过检测内含的理化成分来鉴别。茶叶中的特征性成分咖啡碱、茶氨酸和茶多酚是理化成分检测的主要依据。一般来说，茶叶中咖啡碱含量为 3%~4%，茶多酚含量为 20%~30%。凡植物的新梢中同时含有这两种成分，并达到一定的含量，就可基本确定是茶叶了。

（二）春茶、夏茶及秋茶的鉴别

春季气温适中，雨量充沛，茶树经头年秋冬季较长时期的休养生息，体内营养成分丰富，所以春季芽叶肥厚，色泽翠绿，叶质柔软，白毫显露，氨基酸和维生素的含量也比夏秋茶高；夏季正值炎热季节，茶树新梢虽然生长迅速，但容易老化，花青素、咖啡碱、茶多酚含量明显增加，使滋味苦涩；秋季气候介于春夏之间，气候虽温和，但雨量不足，内含物质欠缺，滋味淡薄，香气欠浓，叶色较黄。

鉴别春茶、夏茶及秋茶的方法主要有干看和湿看两种。

（1）干看。绿茶色泽绿润，红茶色泽乌润；茶叶条索紧结，肥壮重实，或有较多白毫，香气馥郁，是春茶的品质特征。绿茶色泽灰暗，红茶色泽红润，茶叶轻飘松大，嫩梗瘦长，条索松散，香气稍带粗老的，是夏茶的品质特征。凡绿茶色泽黄绿，红茶色泽暗红，茶叶大小不一，叶张轻薄瘦小，香气较为平和的，是秋茶的品质特征。

（2）湿看。茶叶冲泡后下沉快，香气浓烈持久，滋味醇厚；绿茶汤色绿中显黄，红茶汤色红艳显金圈；茶叶叶底柔软厚实，正常芽叶多者，一般为春茶。凡茶叶冲泡后下沉较慢，香气稍低；绿茶滋味欠厚稍涩，汤色青绿，叶底中夹杂铜绿色芽叶；红茶滋味较强欠爽，汤色红暗，叶底较红亮；茶叶叶底薄而较硬，对夹叶较多者，一般为夏茶。凡茶叶冲泡后，香气不高，滋味平淡，叶底夹有铜绿色芽叶，叶张大小不一，对夹叶较多者，一般为秋茶。

（三）高山茶和平地茶的鉴别

高山茶和平地茶相比，由于生态环境有别，不仅茶叶外表形态不一，而且茶叶内在品质也不相同。高山茶新梢肥壮，色泽翠绿，茸毛较多，节间较长，嫩度好，滋味浓，香气高，耐冲泡。平地茶新梢则相对短小，叶底较硬而薄，叶张平展，叶色黄绿少光泽，香气较低，滋味较淡，身骨较轻。这些品质区别只是相对而言，并非绝对。

（四）新茶与陈茶的鉴别

陈茶一般是指绿茶、红茶、黄茶或乌龙茶等茶叶由于存放时间较长（一般为1年以上）产生陈变，或存放时水分含量过高，又存放于高温高湿或有阳光直射的地方，在较短时间内即陈化变质的茶叶。从外形上看，陈茶条索往往由紧结变为稍松，色泽失去原有的光润度变得枯暗或灰暗，其中以绿茶陈化后色泽变化最明显，从原来的以绿为主变为以黄或褐为主，且色泽发暗发枯。开汤后，香气低淡，失去该茶类原有的清香或花香，甚至低沉带有浊气，汤色深暗，滋味陈滞和淡无鲜味，叶底芽叶不开展，色泽黄暗或深暗。红茶陈化后，茶叶色泽变得灰暗，汤色混浊不清，失去新红茶的鲜活感。

（五）红梗红叶茶的识别

红梗红叶茶是绿毛茶鲜叶采摘及杀青不当而产生的品质弊病。干看外形带有暗红条，色泽稍花杂，开汤后香气滋味有发酵气味，汤色泛红，叶底部分茶条叶茎部和叶片局部红变。

（六）花青茶的识别

花青茶是红毛茶鲜叶加工不当而产生的品质弊病。干看外形色泽红中带青暗色，开汤后香气滋味有明显的青气味，汤色淡红带黄，叶底有青绿色叶张或青绿色斑块，红中夹青。

（七）焦茶的识别

焦茶是茶叶干燥时温度太高或时间太长而引起的品质弊病。干看外形茶条上有较密集的爆点，形如鱼子泡，色泽发枯或焦黄，开汤闻嗅有焦气味，汤色深黄或黄暗，叶底不开展，芽叶上有黑色焦斑。

（八）烟、异、酸、馊茶的识别

这类有异气味的茶叶一般是由于加工工序不当或储藏保管不当而产生的。

烟气味犹如湿柴燃烧时产生的烟熏气味，干嗅时即有烟气，开汤后更明显，且品尝滋味时也有烟味。

异气味常见的有包装袋的油墨气味、木箱气味以及与其他有气味物品混放后吸收的异气味。

酸、馊气味犹如夏天久放的稀饭所发出的气味，一般干嗅时不明显，热嗅时有酸馊气味，经复火后可以消除。

（九）霉变茶的识别

干看外形，茶条稍松或带有灰白色霉点，严重时茶条相互间结成霉块，色泽枯暗或泛褐，干嗅时缺乏茶香或稍有霉气，开汤后热嗅有霉气，汤色暗黄或泛红，尝滋味时有霉味，严重时令人恶心，叶底深暗或暗褐。

课堂任务 4　茶叶保管常识

茶叶从生产、运输到销售，直到家庭的饮用，都要经过储藏的过程。保存的方式越科学，保存期限就越长，如不善加以保管，就会很快变质，颜色发暗，香气散失，味道不良，甚至发霉而不能饮用。

茶叶品质的好坏，取决于茶叶中所含有的各种内在有效化学成分的含量、组成及其比例是否适当。因此，要使茶叶品质得到保证，首先要弄清楚茶叶中主要的化学物质及其变化规律，再用科学的储藏保鲜技术来减缓茶叶内这些有效成分的变化。

一、茶叶中主要的化学物质

茶叶中所含的化合物成分很复杂，但归纳起来最主要的是有机成分中的水分、灰分、茶多酚、生物碱、蛋白质、芳香物质、氨基酸、糖类和色素等。

（一）水分

鲜叶中水分含量一般为 75%~78%，经过加工制成干茶以后，绝大部分的水分都已蒸发散失，干茶的含水量一般为 4%~6%。成品茶的含水量越高，储藏保管过程中就越容易发生茶叶品质的变化。当成品茶含水量超过 12% 时，茶叶内部各种化学反应不仅可以继续进行，而且还能吸收空气中的氧气，使微生物不断滋生，茶叶很快变质或发霉。因此，生产上要求毛茶含水量掌握在 6% 以下，经过精制加工后的茶叶含水量要控制在 4%~6%。

（二）灰分

茶叶经高温灼烧后残留下来的无机物质统称为灰分，一般占干物质总量的 4%~7%。灰分的含量与茶叶品质有密切关系。灰分含量过多是茶叶品质差或是混入泥沙杂质的缘故。灰分中能溶于水的部分称为水溶性灰分。一般在茶嫩叶中水溶性灰分的含量越高，茶叶品质也越好；相反，鲜叶原料越老，水溶性灰分含量减少，茶叶品质也越差。因此，茶叶中水不溶性灰分含量的高低，是

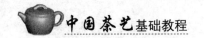

区别鲜叶原料老嫩和茶叶品质好坏的标志之一。

（三）茶多酚

茶多酚又称茶鞣质、茶单宁，是茶叶中 30 多种多酚类物质的总称，总含量约占鲜叶干物质 1/3，是茶叶内含可溶性物质中最多的一种。主要由儿茶素、黄酮类物质、花青素和酚酸 4 大类物质组成。茶叶品质的很大部分取决于多酚类化合物的组成、含量、比例以及转化产物的类型。其中儿茶素（即黄烷醇类）含量最多，一般占多酚类化合物总量的 70%~80%，它是形成不同茶类的主要物质，具有强烈的收敛性，苦涩味较重。黄酮类物质又称花黄素，多以糖苷的形式存在于茶叶中，分别为黄酮和黄酮醇类。花青素具明显的苦味，在高温干旱季节花青素易形成并累积，因此夏茶具有明显的苦涩味，对品质不利。酚酸的含量很少，味苦涩。

（四）蛋白质和氨基酸

茶叶中的蛋白质由谷蛋白、白蛋白、球蛋白和精蛋白所组成，其中以谷蛋白所占比例最大，能溶于水的是白蛋白，它对茶汤的滋味提升有积极作用。

茶叶中氨基酸的种类很多，主要有茶氨酸、天门冬氨酸、谷氨酸、精氨酸、丝氨酸等。其中，茶氨酸占氨基酸总量的 50% 以上，嫩芽与嫩茎中所占的比例最大。因为氨基酸极易溶解于水，具有鲜爽味，因此它决定着茶汤品质的鲜爽度。鲜叶在加工过程中，部分蛋白质也能分解成氨基酸，具有花香和鲜味，对茶的滋味、香气的形成起着重要作用。绿茶品质的香高味醇与氨基酸含量较多有关系。

（五）生物碱

茶叶中的生物碱主要有咖啡碱、可可碱和茶叶碱 3 种，咖啡碱含量最多，一般为 3%~4%，其他两种含量很少。在一定含量范围内，咖啡碱与茶多酚、氨基酸等形成的络合物是一种鲜爽物质。

（六）芳香物质

茶叶中芳香物质含量低，但种类很多，主要有中低沸点和高沸点两类。中低沸点芳香物质如青叶醇等具有强烈的青草气，存在于鲜叶中，杀青不足的绿茶往往具有青草气；而高沸点的芳香物质，如苯甲醇、苯乙醇、茉莉醇和芳樟醇等，都具有良好的花香，它们主要是鲜叶经加工后形成的。因此，加工技术是形成茶叶良好香气的关键。

（七）糖类

茶叶中糖类包括单糖、双糖和多糖。单糖和双糖通常都溶于水，故又称为可溶性糖，具有甜味，是构成茶汤浓度和滋味的重要物质。其中，可溶性糖除了构成茶汤的滋味外，还参与香气的形成，如有的茶叶具有的甜香、焦糖香和板栗香就是在加工过程中糖类本身的变化及其与多酚类、氨基酸等物质相互作用而形成的。

多糖是由多个分子的单糖缩合成的高分子化合物，包括淀粉、果胶素、纤维素、半纤维素等，是非结晶的固体物质，没有甜味，大多不溶于水。但在制茶过程中，可在相关水解酶的作用下，产生单糖、双糖、水溶性果胶等小分子水溶性化合物，可增进茶叶的干茶色泽、香气、滋味等。

（八）色素

茶叶色素包括叶绿素、叶黄素、胡萝卜素、花青素、黄酮类物质以及其他茶多酚的氧化产物（主要是茶黄素、茶红素和茶褐素）等。叶绿素、叶黄素和胡萝卜素不溶解于水，也称脂溶性色素；黄酮类物质、茶青素、茶黄素、茶红素和茶褐素能溶于水，因此也叫水溶性色素。脂溶性色素对干茶和叶底的色泽有很大的影响，而水溶性色素决定着茶汤的汤色。

叶绿素是绿茶中的主要色素，它是形成绿茶干茶色泽的主要因素。茶叶中叶绿素的含量一般为 0.3%~0.8%。叶绿素主要是由蓝绿色的叶绿素 a 和黄绿色的叶绿素 b 组成，长在树上的鲜叶叶绿素 a 要比叶绿素 b 的含量高 2~3 倍，因此通常是深绿色的；但是幼嫩的叶子叶色较淡，有时会呈黄绿色，这是叶绿素 b 比叶绿素 a 含量高的缘故。在绿茶加工过程中，叶绿素将随着加工过程的变化而发生一系列的化学变化，使茶叶的色泽逐渐变深，最终形成了绿茶干茶的色泽。

二、引起茶叶品质劣变的主要因素

茶叶变质、陈化是茶叶中各种化学成分氧化、降解、转化的结果，影响这

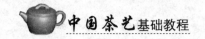

些化学变化的因素很多，其中主要是温度、湿度、氧气、光线和异味。

（一）温度

氧化、聚合等作为一种化学变化，与温度高低紧密相关。温度愈高，反应速度愈快。据研究，在一定范围内，温度每升高10℃，绿茶色泽褐变的速度要增加3~5倍。同时，温度升高还有利于茶叶中酶的活动，从而加速茶叶的陈化，使茶叶产生陈茶气味。因此，在有条件的地方，最好采用低温冷藏。茶叶冷藏的适宜温度为0℃~5℃。

（二）湿度

茶叶很易吸湿，茶叶含水量越高，茶叶陈化变质就越快。要防止茶叶在储藏过程中变质，茶叶加工时含水量必须保持在6%以内，最好控制在3%~5%。但是，茶叶在储藏时含水量的变化，除受茶叶本身含水量的影响外，还受周围空气相对湿度的影响。空气相对湿度越大，茶叶吸湿越快，茶叶变质越快。相对湿度在50%以上时，茶叶含水量就会显著升高，不仅影响茶叶的色、香、味，而且还会滋生霉菌。

（三）氧气

茶中多酚类化合物、维生素C、脂类等物质会缓慢氧化产生陈味物质，严重破坏茶叶的品质。一般名优茶包装容器内氧气含量应控制在0.1%以下，即达到基本无氧状态。

（四）光线

光会促使植物色素和脂类物质氧化。茶叶在直射光下储存，不仅色泽发黄，还会产生不良气味。当茶叶中的色素氧化后，绿茶由绿变黄，红茶由乌黑变棕褐色。光照后的茶叶某些内含物质发生光化学反应而产生日晒味，加速茶叶的陈化。

（五）异味

由于茶叶中含有棕榈酸和萜烯类化合物，这些化合物具有很强的吸收异味的功能。因此，不要将茶叶与樟脑丸、油漆、香烟、化妆品等任何有气味的物品放在一起，以免串味影响茶叶品质。

三、茶叶保鲜储藏技术

掌握了引起茶叶品质劣变的主要原因后，可以有针对性地采取措施，使茶叶尽可能长时间地保存。合理储藏的要点是：低温、干燥、去氧、避光、除异味。

（一）常温储藏法

1. 储藏方法

常温贮藏常用防潮性能较好的铝箔复合袋、各种金属罐、玻璃器具、保温瓶以及茶箱、茶袋等储藏。由于茶箱、茶袋的防潮性能差，只在初、精制茶厂大批量茶叶调拨货时使用，常温储藏 2~3 个月茶叶品质就会有很大变化。一般嗜好饮茶者或家庭购买的茶叶数量很少，可装入有双层盖的马口铁茶叶罐里储藏，最好装满不留空隙，这样罐里空气较少，有利于保存。双层盖都要盖紧，用胶布粘好盖子缝隙，并把茶罐装入两层尼龙袋内，封好袋口；另一个办法是把茶叶装入干燥的保温瓶中，盖紧盖子，用白蜡密封瓶口。采取这两种方法，可以较长时间使茶叶品质保持不变，不过在 30℃ 以上高温季节就不能保证茶叶品质，尤其是无法防止色泽褐变。

2. 注意事项

（1）常温贮藏的干茶含水量应控制在 5% 左右。

（2）包装物必须具有很好的防潮性能，包装袋材料最好用 2~3 层的高分子复合材料。

（3）包装袋封口要严密。

（4）储藏时间不宜过长，一般以 3 个月为宜。

（二）灰缸储藏法

1. 储藏方法

灰缸保存法是将生石灰、木炭或硅胶置入待存茶叶的密封容器（一般是灰缸或用马口铁桶）内，大小视茶叶储存的多少而定，要求干燥、清洁、无味、无锈；把未风化的生石灰块（木炭或硅胶）装入细布口袋内，每袋重约 500 克；茶叶用干净的薄纸包好，每包重 500 克，用细绳扎紧，一层一层地放进坛的四周，中央留下空位，放置一袋生石灰（木炭或硅胶），上面再放一包茶叶，如未装满，还可依次再装一两层，然后用牛皮纸堵塞坛口，用草垫或棕垫盖好，利用生石灰、木炭或硅胶很好的吸湿性来吸收灰缸内有效空间和茶叶中的水分，从而降低灰缸内空气的相对湿度，以达到延缓茶叶陈化、劣变的作用。在各种保管茶叶的方法中，它具有操作方便、成本低等优点。

2. 注意事项

（1）存放入灰缸前的干茶含水量应控制在 6% 以下。

（2）灰缸内的空气相对湿度要低，应控制在 60% 以下。

（3）包装物必须具有良好的透气性，最好用牛皮纸包装。

（4）灰缸储藏的时间不宜过长，一般以 6~8 个月为宜。

（5）生石灰吸潮风化后要及时更换，一般装坛后过一个月就要更换，以后每隔一两个月更换一次。如果木炭吸潮，要先将木炭烧红，冷却后装入布袋，每袋重约一千克；每一两个月要把木炭取出烧干再用。

（三）脱氧包装保鲜储藏法

1. 储藏方法

将脱氧剂放入装有茶叶的密封容器内，利用脱氧剂吸收包装物内的氧气，去除氧气，从而延缓茶叶因氧化作用而产生的品质陈化、劣变。一般在常温下容易与氧反应形成氧化物的物质均可作为脱氧剂的基本材料。现在市场上的脱氧剂主要以活性铁粉为基本材料的较多。脱氧剂在包装容器内可与氧气发生反应，消耗容器内的氧气，封入脱氧剂 24 小时后，容器内的氧气浓度可降低到 0.1% 以下。当容器内渗入微量氧气时，脱氧剂仍能发生反应并吸收这些氧气，所以能长时间保持茶叶处于无氧状态。但利用脱氧剂储藏，对容器的密封要求较高，不能有丝毫的漏气，否则达不到应有的效果。

2. 注意事项

（1）茶叶必须干燥，在进行包装前的干茶含水量必须严格控制在 6% 以下。

（2）选用阻气性好的复合薄膜或其他容器。

（3）根据容器的大小选择不同规格型号的脱氧剂。

（4）在容器中放入脱氧剂后，必须严格密封，不能有漏气现象。

（5）在使用脱氧剂前，最好要计算一下茶叶包装数量的多少，将脱氧剂一次性使用完毕。若一次用不完，被拆封后的脱氧剂必须在 2 小时内用原包装严密封口，以免失效。

3. 适宜范围

脱氧保鲜法最适宜在绿茶尤其是在名优绿茶中使用。有研究表明，名优绿茶用脱氧剂进行品质保鲜储藏，香气和滋味均优于充氮保鲜法储藏。

（四）抽气充氮保鲜储藏法

1. 储藏方法

抽气充氮包装法是气体置换技术中的一种。它是采用氮气来置换包装袋内的空气。首先要抽去氧气，使包装物内形成真空状态，然后再充入氮气，最后严密封口，从而阻止在储藏过程中茶叶的化学成分与氧气发生反应，达到防止茶叶陈化、劣变的目的。氮气是一种惰性气体，本身具有抑制微生物生长繁殖的功能，也可达到防霉保鲜的目的。但是，由于抽气充氮包装具有体积大、易破碎、运输不便等缺点，目前在实际生产中还很少使用，技术未能推广。

2. 注意事项

（1）适用范围为碎末茶少的形状茶（碎末茶会被抽入抽气设备而影响设备寿命）。

（2）包装容器必须牢固。

（3）运输时包装容器不能相互叠压。

（五）低温保鲜储藏法

1. 储藏方法

低温保鲜储藏法是通过改变环境温度，降低茶叶内含化学成分的氧化反应速度，最终达到减缓茶叶品质陈化、劣变的一种储藏保鲜技术。在茶叶品质保鲜过程中，目前采用的低温保鲜储藏方法主要是通过制冷机组来降低储藏容器或茶叶储藏场所温度来实现的，其中使用最广、成本最低的为冷库保鲜法。冷库类型主要有土建式和组合式两大类。土建式冷库一般来说结构较简单，成本较低，但是由于具有较大空间，所以空间内存在着不同的温区差异，因此在保鲜过程中，要设置通风、通气空间或采用框架存放茶叶进行储藏。组合式冷库结构合理，保温性能好，操作和使用方便而灵活，但成本相对较高。

用低温保鲜储藏法来保持茶叶品质，经过多年的生产实践证实是有效的，冷库的库房温度保持在 $-18℃ \sim 2℃$ 范围内均能达到品质保鲜的目的。对绿茶

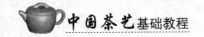

而言，当温度选择在 5℃ 以下，经 8~12 个月的储藏，绿茶品质能保持基本不变；在 –10℃ 以下储藏，可保持 2~3 年品质基本不变。

2. 注意事项

（1）所用冷库的除湿效果要好，空气相对湿度应控制在 60% 以内（50% 以下更佳）。并要用防潮性能好的包装材料对茶叶进行包装，这样才能使茶叶处于干燥状态。

（2）茶叶是导热性能较差的物质，冷库存放时应该分层堆放，每件之间要留一些间隙，使冷空气在库内有足够的循环空间，以便茶叶能均匀、快速降温。

（3）茶叶出库后，不能升温过快，要逐步升温，然后进入常温，以免引起茶叶品质急剧下降。茶叶出库后，分成小包装，并与脱氧、抽气充氮包装方法相结合，这样更有利于保持茶叶品质。

企业实践任务 1　识茶认茶

一、实践目的

通过茶叶实物样，识别六大基本茶类中的部分中国名茶。

二、实践准备

（1）实践分组：以 5 人一组为佳。

（2）茶具准备：茶样盘

（3）茶叶准备：西湖龙井、洞庭碧螺春、太平猴魁、六安瓜片、庐山云雾茶、君山银针、普洱熟茶、白毫银针、安溪铁观音、宁红工夫茶。不同地区可结合当地茶品特色进行准备。

三、实践流程

（1）将准备好的茶样放入茶样盘。

（2）根据品质特征识别对应茶样。

四、茶样品质特征

1. 西湖龙井

西湖龙井属于历史名茶，是以杭州市西湖风景名胜区和西湖区所辖区域内的龙井群体、龙井43、龙井长叶茶树品种的芽叶为原料，采用传统的摊青、青锅、辉锅等工艺在当地加工而成的，具有"色绿、香郁、味甘、形美"品质特征的扁形绿茶。分为精品、特级、一级至三级共五个级别。精品西湖龙井条索扁平光滑、挺秀尖削，芽锋显露，嫩绿鲜润，匀齐洁净；汤色嫩绿鲜亮、清澈；香气嫩香馥郁持久；滋味鲜醇甘爽；叶底幼嫩成朵、匀齐、嫩绿鲜亮。

2. 洞庭碧螺春

洞庭碧螺春属于历史名茶，是产于江苏苏州洞庭东西山一带的螺形炒青绿茶。分为特级一等、特级二等、一级至三级共五个级别。特级一等条索纤细，卷曲成螺，满身披毫，银绿隐翠、鲜润，匀整洁净；汤色嫩绿鲜亮；香气嫩香清鲜；滋味清鲜甘醇；叶底幼嫩多芽，嫩绿鲜活。

3. 太平猴魁

太平猴魁属于历史名茶，是在原产地域范围内（安徽省黄山市黄山区现辖行政区域）特定的自然生态环境条件下，选用柿大茶为主要茶树品种的茶树鲜叶为原料，经传统工艺制成，具有"两叶一芽、扁平挺直、魁伟重实、色泽苍绿、兰香高爽、滋味甘醇"品质特征的茶叶。按品质分为极品、特级、一级至三级共五个级别。太平猴魁极品外形扁展挺直，魁伟壮实，两叶抱一芽，匀齐，毫多不显，苍绿匀润，部分主脉暗红；汤色嫩绿清澈明亮；香气鲜灵高爽，兰花香持久；滋味鲜爽醇厚，回味甘甜，独具"猴韵"；叶底嫩匀肥壮，成朵，嫩黄绿鲜亮。

4. 六安瓜片

六安瓜片属于历史名茶，又称片茶，在地理标志产品保护范围内（六安市裕安区石婆店镇、石板冲乡、独山镇、西河口乡、青山乡，金寨县响洪甸镇、青山镇、燕子河镇、响齐办、天堂寨镇、古碑镇、张冲乡、油坊店乡、长岭乡、槐树湾乡、张畈乡，霍山县佛子岭镇、黑石渡镇、诸佛庵镇、磨子潭镇、漫水河镇、太阳乡、大化坪镇，金安区毛坦厂镇、东河口镇、舒城县晓天镇等5个区县26个乡镇现辖行政区域），经采片或扳片取得的鲜叶原料，通过独特的加工工艺制成的形似瓜子的片形绿茶。分为精品、特一级、特二级、一级至三级共六个级别。精品外形呈单片，似瓜子形、背卷顺直、扁而平伏、匀齐、宝绿上霜、无漂叶；汤色嫩绿、清澈、明亮；香气花香高长；滋味鲜爽醇厚回甘；叶底柔嫩、黄绿、鲜活匀齐。

5. 庐山云雾茶

庐山云雾茶属于历史名茶，是在地理标志产品保护范围内（九江市的庐山风景区，濂溪区的海会镇、威家镇、虞家河乡、莲花镇、五里乡、赛阳镇、姑塘镇、新港镇，星子县的东牯山林场、温泉镇、白鹿镇，柴桑区的岷山乡；2015 年获农业部农产品地理标志登记证书，产区由原来的环庐山产区扩大到了环庐山产区、鄱湖产区和西海产区三大产区，覆盖了全市行政区域），选用当地群体茶树品种或具有良好适制性的良种进行繁育、栽培，经独特的工艺加工而成，以"干茶绿润、汤色绿亮、香高味醇"为主要品质特征的条形烘青绿茶。产品等级依据感官品质要求分为特级、一级至三级共四个级别。特级条索紧细显锋苗，色泽绿润，匀齐洁净；汤色嫩绿明亮；香气清香持久；滋味鲜醇回甘；叶底细嫩匀整。

6. 君山银针

君山银针属于历史名茶，是产于湖南岳阳洞庭湖君山岛的针形黄芽茶。芽头白毫满披，底色金黄鲜亮，有"金镶玉"之美称；汤色杏黄明净；香气清鲜；滋味甜和鲜爽。

7. 普洱茶

普洱茶属于历史名茶，是以地理标志保护范围内〔云南省普洱市、西双版纳州、临沧市、昆明市、大理州、保山市、德宏州、楚雄州、红河州、玉溪市、文山州等 11 个州（市）、75 个县（市、区）、639 个乡（镇、街道办事处）现辖行政区域〕的云南大叶种晒青茶为原料，并在地理标志保护范围内采用特定的加工工艺制成的具有独特品质特征的茶叶。按其加工工艺及品质特征，普洱茶分为普洱茶（生茶）和普洱茶（熟茶）两种类型。按外观形态分普洱茶（熟茶）散茶、普洱茶（生茶、熟茶）紧压茶。普洱茶（熟茶）散茶按品质特征分为特级、一级至十级共十一个等级。普洱茶（生茶、熟茶）紧压茶外形有圆饼形、碗臼形、方形、柱形等多种形状和规格。特级普洱熟茶散茶外形紧细、色泽红褐润显毫、匀整匀净，汤色红艳明亮；香气陈香浓郁；滋味浓醇甘爽；叶底红褐柔嫩。普洱茶（熟茶）紧压茶外形色泽红褐，形状端正匀称、松紧适度、不起层脱面；撒面茶应包心不外露；内质汤色红浓明亮；香气独特陈香；滋味醇厚回甘；叶底红褐。普洱茶（生茶）紧压茶外形色泽墨绿，形状端正匀称、松紧适度、不起层脱面；撒面茶应包心不外露；内质汤色明亮；香气清纯；滋味浓厚；叶底肥厚黄绿。

8. 白毫银针

白毫银针属于历史名茶。是产于福建福鼎、政和的针状白芽茶。因单芽满披银白色茸毛、状似银针而得名。特级白毫银针外形芽针肥壮、茸毛厚，银灰白富有光泽，匀齐洁净；汤色浅杏黄、清澈明亮；香气清纯、毫香显露；滋味清鲜醇爽、毫味足；叶底肥壮、软嫩、明亮。福鼎银针色白，富光泽，汤色浅杏黄，味清鲜爽口。政和银针汤味醇厚香气清芬。

9. 安溪铁观音

安溪铁观音属于历史名茶，是在地理标志产品保护范围内（福建省安溪县管辖的行政区域内）的自然生态环境条件下，选用铁观音茶树品种进行扦插繁育、栽培和采摘，按照独特的传统加工工艺制作而成的具有铁观音品质特征的乌龙茶。其成品茶分为清香型与浓香型。清香型安溪铁观音按感官指标分为特级、一级至三级共四个级别，特级安溪铁观音外形肥壮、圆结、重实、翠绿、温润、砂绿明显，匀整洁净；汤色金黄明亮；香气高香；滋味鲜醇高爽，音韵明显；叶底肥厚软亮、匀整、余香高长。浓香型安溪铁观音分为特级、一级至四级共五个级别，特级外形肥壮、圆结、重实，色泽翠绿、乌润、砂绿明显，匀整洁净；汤色金黄、清澈；香气浓郁持久；滋味醇厚鲜爽回甘、音韵明显；叶底肥厚、软亮匀整、红边明、有余香。

10. 宁红工夫茶

宁红工夫茶属于历史名茶。宁红工夫茶是我国最早的工夫红茶之一。主产于江西省修水县，武宁、铜鼓次之。特级宁红工夫茶，条索细紧多锋苗，乌黑油润，匀齐，洁净；汤色红明亮；香气鲜嫩甜香；滋味醇厚甘爽，叶底细嫩显芽红匀亮。

企业实践任务 2　识别区分六大茶类

一、实践目的

通过本章学习，利用感官审评方法快速识别基本六大茶类。

二、实践准备

（1）实践分组：以 4 人一组为佳。

（2）茶具准备：评茶标准杯碗（柱形）、评茶盘、叶底盘、称量用具、计时器、茶匙、烧水壶、品茗杯、茶巾。

（3）茶叶准备：绿茶（龙井）、黄茶（君山银针）、黑茶（六堡散茶）、白茶（白毫银针）、青茶（清香型铁观音）、红茶（宁红）。不同地区可结合当地茶品特色进行准备。

（4）审评用水：纯净水。

（5）审评水温：100℃。

三、实践流程

1. 取样

六款茶各扦取 100 克。

2. 外形识别

通过外形审评方法，按顺序准确写出 6 款茶样的茶类和名称。

序号	茶类	名称
1		
2		
3		
4		
5		
6		

3.内质识别

称样后，采用柱形杯审评法，对 6 款茶进行冲泡后，滤出茶汤，留叶底于杯中，对照不同茶类的品质特征，按汤色、香气、滋味、叶底的顺序逐项识别。

茶叶名称	汤色	香气	滋味	叶底

四、注意事项

（1）在进行实践前，要熟悉茶叶的种类，了解六大基本茶类中的中国主要名茶，掌握本课知识目标和能力目标。

（2）掌握茶叶感官审评方法。

茶文欣赏

一字至七字诗·茶
唐·元稹

茶，

香叶，嫩芽，

慕诗客，爱僧家。

碾雕白玉，罗织红纱。

铫煎黄蕊色，碗转曲尘花。

夜后邀陪明月，晨前独对朝霞。

洗尽古今人不倦，将至醉后岂堪夸。

任务 4

品茗用水及科学饮茶

1. 培养学生的科学精神和态度。
2. 培养学生自我学习的习惯、爱好和能力。
3. 培养学生的团队协作意识。

1. 了解品茗用水的分类。
2. 了解历史名泉。
3. 了解品茗用水的选择方法。
4. 掌握科学饮茶知识。

能根据不同茶叶选择泡茶用水。

课堂任务 1　品茗用水

明代许次纾《茶疏》云："茶兹于水，水籍乎器，汤成于火。"茶、水、器、火是构成茶艺的基本要素。自古就有"水为茶之母，器为茶之父"之说。

一、品水的著作

一部中国茶文化史，如果少了品泉鉴水的内容，则大大逊色。唐代陆羽在《茶经·五之煮》中说"其水，用山水上，江水中，井水下"。唐朝张又新的《煎茶水记》根据陆羽《茶经·五之煮》略加发挥，前列刘伯刍所品七水，次列陆羽所品二十水。宋代叶清臣有《述煮茶泉品》，欧阳修著有品水专文《大明水记》《浮槎山水记》，赵佶的《大观茶论·水》中说"水以清轻甘洁为美"。明朝田艺蘅有《煮泉小品》，龙膺的《蒙史》，也叫《泉史》，全书约 6000 字，分上下二卷，上卷为"泉品述"，共辑录各种泉品及故事 50 余款；下卷为"茶品述"，辑录 30 余款有关茶饮的史料。明代张源《茶录·点染失真》篇中说"茶者，水之神；水者，茶之体。非真水莫显其神，非精茶曷窥其体"。清朝陆延灿的《续茶经》是清代最大的一部茶书，全书约 10 万字，收集了清代以前几乎所有茶书的资料，《续茶经》是按陆羽《茶经》的写法，同样分为上、中、下三卷，为一之源、二之具、三之造、四之器、五之煮、六之饮、七之事、八之出、九之略、十之图，最后附一卷茶法。

水为茶之"体"，茶的色、香、味必须靠水才能显现。"龙井茶、虎跑水""扬子江心水、蒙山顶上茶"，都是茶与水最佳组合的代表。

二、水质分类

泡茶用水有硬水和软水之分。我们在选择泡茶用水时，要对水的软硬度与茶汤品质的关系进行了解。不同的水质对茶汤有不同的影响，其中两个重要因素是水的软硬度和 pH 值。

（一）硬水

每升水中钙、镁离子的含量大于 8 毫克被称为硬水。硬水包含泉水、江河之水、溪水、自来水和一些地下水。水中总硬度包括暂时硬度和永久硬度。暂时硬度是水中含钙镁离子的酸式碳酸盐、碳酸氢钙、碳酸氢镁等，煮沸后会沉淀下去。永久硬度是指水中含有的钙镁离子的硫酸盐、氯化盐及硝酸盐，即使长期沸腾也不会出现沉淀。

水的硬度影响水的 pH 值，而 pH 值又影响茶汤色泽和滋味。当 pH 值大于 7 时，水中的羟基会使茶汤中多酚类物质发生不可逆的氧化反应，形成一系列氧化产物，如橙黄色的茶黄素类、棕红色的茶红素类和暗褐色的茶褐素类等，汤色变深，儿茶素趋于氧化损失，失去鲜爽感。以红茶为例，pH 值在 4.5~5 之间，色泽正常；pH 值大于 7，多酚类发生氧化，汤色呈暗褐色，茶汤失去鲜爽感；pH 值小于 4，汤色太浅薄，不能体现茶色。

水的硬度影响茶叶有效成分的溶解度。硬水中含有较多的钙镁离子和矿物质，茶叶有效成分的溶解度低，故茶味淡。如水中铁离子含量过高，茶汤会变成黑褐色，甚至会浮起一层"锈油"，茶汤滋味苦涩，这是茶叶中多酚类物质与铁作用的结果。如水中铅的含量达 0.2 毫克 / 升时，茶味变苦。水中镁的含量大于 2 毫克 / 升时，茶味变淡。水中钙的含量大于 2 毫克 / 升时，茶味变涩，若达到 4 毫克 / 升，则茶味变苦。

（二）软水

每升水中钙、镁离子的含量小于 8 毫克，称为软水。暂时硬水一经高温煮沸，碳酸盐就会立即分解，水中所含的碳酸钙、碳酸镁生成可溶性的碳酸氢钙和碳酸氢镁，使硬水变为软水。平时用铝壶烧开水，壶底上的白色沉淀物质，就是碳酸盐。用软水泡茶，软水中所含的溶解物质少，茶中的有效成分能迅速溶出，溶解度高，因此茶味浓厚。

三、品茗用水的分类

品茗用水的分类，是从适宜冲泡茶叶的角度来考量，分为天水、地水和再加工水。

（一）天水

古人称用于泡茶的雨水和雪水为天水，也称天泉。用天然水泡茶应该注意水源、环境、气候等因素。

雨水和雪是比较纯净的，虽然雨水在降落过程中会碰上尘埃和二氧化碳等物质，但含盐量和硬度都很小，属软水，历来就被用来煮茶，特别是雪水。唐白居易在《晚起》中写道"融雪煎香茗"，宋辛弃疾的"细写茶经煮香雪"，清袁枚的"就地取天泉，扫雪煮碧茶"，《红楼梦》第四十一回刘姥姥醉卧怡红院，贾宝玉品茶栊翠庵，都是用雪水泡茶。空气洁净时下的雨水，也可用来泡茶，四季之中，秋水为上，秋季天高气爽，尘埃较少，雨水白而洌，泡茶滋味爽口回甘；梅雨次之，梅雨季节，和风细雨，有利于微生物滋长，用来泡茶品质较差；夏季雷阵雨，常伴飞沙走石，水质不净，泡茶茶汤混浊，不宜饮用。

（二）地水

在自然界，山泉、江、河、湖、海、井水统称为地水。

1.山泉

明代《茶笺》认为：山泉为上，江水次之。在天然水中，泉水水源多出自山岩壑谷，或潜埋地层深处，涌出地面前为地下水，经层层过滤涌出地面时，杂质被清除，水质清澈透明，沿溪涧流淌时又吸收了空气，增加了溶氧量，并在二氧化碳的作用下，溶解岩石和土壤中的钠、钾、钙等矿物元素，水质更加纯净，并具有矿泉水的营养成分，有益健康。加热后呈酸性碳酸盐状态的矿物成分分解，释放出碳酸气，所以用泉水烹茶，饮用时分外清澈甘美。而且茶泉二者都远离尘嚣、孕育于青山秀谷，生于山野之间的茶用流自深壑岩罅的泉水冲泡，自当珠联璧合。但并不是所有的山水都适用于泡茶，由于在渗透过程中泉水溶入了较多的矿物质，它的含盐量和硬度等有较大的差异，如硫黄矿泉水就绝对不能饮用。

《茶经》还指出："其山水拣乳泉、石池漫流者上。"认为从岩洞上钟乳石滴下，在石池里经过沙石过滤而且是缓慢流动的泉水为最好。湍急奔腾的溪流瀑布水，对人体有害。

2.江、河、湖水

江河湖水均为地面水，所含矿物质不多，通常有较多杂质，混浊度大，情况较复杂，所以江水一般不是理想的泡茶用水，许多江水需要经过处理净化后才可饮用。但在远离人烟、植被生长繁茂、污染物较少之地的江、河、湖水仍为沏茶好水，如浙江桐庐的富春江水、淳安的千岛湖水、绍兴的鉴湖水等。

陆羽《茶经》提到"其江水，取去人远者。"唐代白居易在诗中说："蜀茶寄到但惊新，渭水煎来始觉珍"，他认为用渭河水煎茶就很好；李群玉的"吴瓯湘水绿花"，表明他认为用湘江水煎茶也不差；宋代诗人杨万里曾写诗描绘船家用江水泡茶的情景"江湖便是老生涯，佳处何妨且泊家。自汲松江桥下水，垂虹亭上试新茶"；明代许次纾《茶疏》中说"黄河之水，来自天上，浊者土色也，澄之既净，香味自发"，说明有些江河之水，尽管混浊度高，但澄清之后，也能不损害茶汤的高香醇味。

3. 井水

井水属地下水，是否适宜泡茶，不可一概而论。井水因其多为浅层地下水，易受污染危害，特别是城市井水，若用来沏茶，有损茶味。有些井水含盐量高，不宜用于泡茶。井水取深井、清洁的活水沏茶，仍可获得一杯佳茗。因为深井之水也属地下水，悬浮物含量较少，透明度较高。在耐水层的保护下，不易被污染，被过滤的距离远，水质洁净。明代陆树声在《煎茶七类》中说"井取多汲者，汲多则水活"，指的就是用活井水沏茶。因此用远离污染源的井水沏茶是可以的。明代焦竑的《玉堂丛语》，清代窦光鼐、朱筠的《日下旧闻考》中都提到了京城文华殿大庖井，其水质清明甘洌，曾是明清两代皇宫的饮用水源。黄谏在《京师泉品》也认为玉泉第一，大庖井第二。

（三）再加工水

再加工水，是指利用天水、地水，经过再次加工的水品。

1. 自来水

凡达到我国卫计委制订的饮用水卫生标准的自来水，都可以用来泡茶。自来水为最常见的生活饮用水，属于加工处理后的天然水，为暂时性硬水。但有时自来水用过量的氯化物消毒，氯气味很重，用来泡茶，不仅茶香受到影响，汤色也会浑浊。为了消除氯气，可将自来水储存在洁净的容器中，静置1~2天，待氯气自然挥发，再用来煮沸泡茶，效果大不一样。还可用自来水净化器进行净化，或用活性炭进行净化。

2. 纯净水

纯净水指的是不含杂质的水，简称净水或纯水，是纯洁、干净、不含有杂质或细菌的水。通过电渗析器法、离子交换器法、反渗透法、蒸馏法及其他适当的加工方法制得，不含任何添加物，无色透明，可直接饮用。

纯净水不含任何杂质，pH 值中性。泡茶令香气、滋味醇正，无异味，鲜醇爽口。但纯净水在消除水中杂物的同时，也去除了人体必需的矿物质和微量元素。纯净水泡茶，可以体现出茶汤的真实味道，对茶汤的表现无增减作用。

3. 矿泉水

与纯净水相比，矿泉水含有丰富的微量元素，饮用矿泉水有助于人体对微量元素的摄入，并调节肌体的酸碱平衡。但饮用矿泉水应因人而异。由于矿泉水的产地不同，其所含微量元素和矿物质成分也不同，不少矿泉水含有较多的钙、镁、钠等金属离子，是永久性硬水，虽然水中含有丰富的营养物质，但用于泡茶效果并不佳。

四、品茗用水的选择

茶艺师要能根据茶叶品质特征选择适宜的泡茶用水。

（一）评水要义

泡茶用水一要看水质，要求水清、轻、活；二要品水味，要求无味、冷冽、甘甜。清、轻、甘、活、冽可谓是评水五字要诀。

1. 清

清是对泡茶用水最基本的要求。清，即要求水质无色透明、洁净、无悬浮杂物。为鉴别水是否清洁，古人还发明了"试水法"。明末屠本畯在《茗笈》中引泰西熊三拔"试水法·试清"条说，"水置白瓷器中，白日下令日光正射水，视日光下水中若有尘埃氤氲如游气者，此水质恶也。水之良者，其澄澈底。"陆羽《茶经·四之器》中所列的茶具有一漉水囊，就是用来过滤水中杂质的。

2. 轻

水以轻为好。古人所说的水之轻、重和现代科学中所说的软水、硬水有相似之处。用软水泡茶，茶汤的色、香、味三者俱佳，用硬水泡茶，则茶汤变色，香味也大减。水的轻、重还应包括水中所含矿物质成分的多少，如铁盐溶液、碱性溶液，都能增加水的重量。用含铁、碱过多的水泡茶，茶汤上会浮起一层发亮的"锈油"，滋味也会变涩。自然界中的水只有雨水、雪水为纯软水，用雨雪水泡茶其汤色清明，香气高雅，滋味鲜爽。所以古人喜欢用这种"天泉"煎茶，是合乎科学道理的。而水质较好的泉水、江水等，虽然不是纯软水，但它们所含杂质除碳酸氢钙和碳酸氢镁以外，没有或很少有其他矿物质，水中的碳酸氢钙、碳酸氢镁在煮茶时，经高温分解沉淀，形成"水垢"沉入壶底，这样也变成了软水。由此看来，古人论水质的优劣将水的轻重作为一项重要标准是很有道理的。

清代乾隆皇帝讲究以水的轻重来辨别水质的优劣，并以此鉴别出各地水的品第。如北京的玉泉水，就是因为其水质轻，乾隆皇帝在称其重量后冠以"天下第一泉"的美称。如果"清"是以肉眼来辨水中是否有杂质，那么"轻"则是用器具来辨别水中看不见的杂质。

3. 甘

甘是指水质甘甜，淡然无杂味。

4. 活

水贵鲜活，朱熹有诗句"问渠哪得清如许，为有源头活水来"。宋代唐庚的《斗茶记》中有"水不问江井，要之贵活"之说。田艺蘅《煮泉小品·石流》中说"泉不流者，食之有害"。但并非所有活水都适宜煎茶，古人认为激流瀑布之水不宜茶，因为"气盛而脉涌"，缺乏中和醇厚之气，与茶的中和之旨不符。

5. 冽

冽，意为寒、冷。明朝田艺蘅在《煮泉小品·清寒》中就提到"泉不难于清，而难于寒"。

选择泡茶用水时，最基本的择水要求是符合国家有关饮用水的卫生标准（中华人民共和国卫生部 2006 年批准并颁布的 GB 5749—2006 生活饮用水卫生标准），有条件的可以通过测定水的物理性质和化学成分来鉴定水质。在水质符合基本指标要求的前提下，达到"三低"（即低矿化度、低硬度、低碱度）的指标要求。一般冲泡名优绿茶时，选择无机离子总量小于100毫克/升，钙、镁离子含量小于15毫克/升，水体 pH 小于 7.0 的泡茶用水，能获得较好的茶汤体验。

（二）依茶配水

一般来说，当地的水配当地的茶风味最佳，没有条件选配时可以选择相应的包装水。

如绿茶选用纯净水能体现茶的清雅、清爽风格，选用"三低"的天然泉水，可以增强茶汤和香气的浓郁度。高矿化度天然泉水与矿泉水冲泡的茶汤对风味的影响较大，一般适用于黑茶等醇和风格的茶叶。

五、养水之法

古人十分讲究对水的储藏与保养，并总结出一些经验。屠隆《茶说·养水》中说"取白石子入瓮中，能养其味，亦可澄水不淆"。在储水坛里放入白石等物，一是认为能养水味，二是认为能澄清水中杂质。张源《茶录·贮水》中记载"贮水瓮须置阴庭中，覆以纱帛，使承星露之气，则英灵不散，神气长存。假令压以木石，封以纸箬，曝于日下，则外耗其神，内闭其气，水神敝矣。饮茶唯贵乎茶鲜水灵，茶失其鲜，水失其灵，则与沟渠水何异"。认为储水之瓮须置于避荫的庭院中，上覆纱帛，以承露气，以保持水的鲜灵。许次纾《茶疏·贮水》认为水应"贮大瓮中，但忌新器，为其火气未退，易于败水，亦易生虫。久用则善，最嫌他用。水性忌木，松杉为甚。木桶贮水，其害滋甚，挈瓶为佳耳。贮水瓮口，厚箬泥固，用时旋开"。明高廉《遵生八笺》中认为要以炭洁水，抑制虫菌生长，"用大瓮收黄梅雨水、雪水，下置十数枚鹅卵石，将三四寸左右栗炭烧红投入水中，不生跳虫"。明罗廪《茶解》中的洁水方法是将长年经烧后的灶心干土伏龙肝投入水中，以吸收水中尘渣等，起到净化的作用。还可以以石洗水。取洁净的石子放在筛子状的有孔器物中，以所保藏之水淋其上，这样可以滤去水中杂质。还有以水洗水。乾隆皇帝出巡时以玉泉水随行，"然或经时稍久，舟车颠簸，色味或不免有变，可以他处泉水洗之，一洗则色入古焉"。洗的方法是，以容量较大的器具，装若干玉泉水，在器壁上做上记号，记住分寸，然后倾入其他泉水，加以搅动，搅后待静止。这样，则"污浊皆沉淀于下，而上面之水清澈矣"。因为"他水质重，则下沉，玉泉体轻，故上浮，提而盛之，不差锱铢"。这是借助水质轻重的不同来以水洗水。

六、名泉佳水

神州大地，山川秀丽。名泉吐珠，清澈晶莹，我国古代嗜茶者讲究用山泉水泡茶，比较著名的就有百余处之多。

（一）天下第一泉

按理，既为天下第一泉，应该是普天之下独一无二。然而事实上，单在中国被称为天下第一泉的，就有7处。

1. 谷帘泉——茶圣口中第一泉

据《煎茶水记》，陆羽列庐山康王谷的谷帘泉为"天下第一泉"。陆游在《入蜀记》一书中记载，他在游览庐山之后，天色已晚，投宿东林寺中，借来方志，秉烛夜读。当他读到庐山康王谷的谷帘泉水"甘腴清冷，备具众美"时，欣然提笔在日记中写道："前辈或斥水品以为不可信，水品固不必尽当，至谷帘泉，卓然非惠山所及，则亦不可诬也。"

康王谷位于庐山南山中部偏西，是一条长达7千米的狭长谷地，康王谷中那条溪涧的源头，就是谷帘泉。谷帘泉来自大汉阳峰，从筲箕洼破空跌落，于枕石崖上喷洒散飞，纷纷数十百缕，恰似一幅玉帘悬在山中，影影绰绰，悬注170余米。

谷帘泉经陆羽品定为"天下第一泉"后名播四海。历代文人墨客接踵而至，纷纷品水题字。如宋代名士王安石、朱熹、秦少游、白玉蟾等都在游览品尝过谷帘泉水后，留下了华章佳句。朱熹在《康王谷水帘》一诗中咏道："循薪爨绝品，瀹茗浇穷愁，敬酹古陆子，何年复来游？"北宋著名学者王禹偁考察了谷帘泉水后，挥笔作诗："泻从千仞石，寄逐九江船，迢递康王谷，尘埃陆羽篇。何当结茅室，长在水帘前。"并在《谷帘泉序》中写道："其味不败，取茶煮之，浮云蔽雪之状，与井泉绝殊。"

2. 中冷泉——扬子江心第一泉

中冷泉也叫中濡泉、南冷泉，位于江苏省镇江金山公园内，在池旁的石栏上，书有"天下第一泉"，是清代镇江知府、书法家王仁堪所题。据传取泉水需在正午之时将带盖的铜瓶子用绳子放入泉水后，迅速拉开盖子，才能汲到真正的泉水。中冷泉水表面张力大，满杯的泉水，其水面可高出杯口1~2厘米而不外溢。南宋爱国诗人陆游曾到此，留下"铜瓶愁汲中濡水，不见茶山九十翁"的诗句。民族英雄文天祥品尝了中泠泉泡的茶之后写下"扬子江心第一泉，南金来此铸文渊，男儿斩却楼兰首，闲品茶经拜羽仙"。如今，因江滩扩大，中泠泉已与陆地相连，仅是一个景观。

3. 玉泉——乾隆御赐第一泉

玉泉位于北京颐和园以西的玉泉山南麓，水从山脚流出，"水清而碧，澄洁似玉"，故称玉泉。

据说古代玉泉泉口附近有大石，镌刻着"玉泉"二字，玉泉水从此大石上漫过，宛若翠虹垂天，此景纳入燕山八景，名曰"玉泉垂虹"。后大石碎化，风景变迁，清乾隆时改"垂虹"为"趵突"。

玉泉流量大而稳定，曾是金中都、元大都和明、清北京河湖系统的主要水源。明代从永乐皇帝迁都北京以后把玉泉定为宫廷饮用水源，其中一个主要原因就是玉泉水洁如玉，含盐量低，水温适中，水味甘美，又距皇城不远。玉泉水被选作宫廷用水还有一个因素就是该泉四季涌水量稳定，从不干涸。

玉泉被乾隆皇帝钦命为"天下第一泉"。乾隆皇帝特地撰写了《玉泉山天下第一泉记》并将全文记于石碑上，立于泉旁。

4. 济南趵突泉——大明湖畔第一泉

趵突泉位于济南市趵突泉公园内，为济南七十二名泉之首，"趵突"意为跳跃突奔之意。相传乾隆十三年（1748年），乾隆皇帝巡游江南，随车装载了北京玉泉山泉水，供沿途饮用。路过济南，特意到趵突泉品饮趵突泉水，认为其水质清醇甘洌，比玉泉山泉水还要好，并赐封趵突泉为"天下第一泉"。从济南启程南行，沿途的饮用水就改喝趵突泉的水了。时隔23年，山东大旱，乾隆在趵突泉边摆下香案率文武百官跪拜求雨，当日乌云遮日，大雨滂沱，缓解了旱情。

5. 四川峨眉山玉液泉

玉液泉位于四川峨眉山神水阁前。泉水清澈，湛碧悦人，饮之甘洌适口，治病健身，延年益寿，被清人邢丽江评为"天下第一泉"。

6. 昆明市安宁碧玉泉

安宁碧玉泉位于云南省安宁市的螳螂川右岸。相传碧玉泉池中有石，"光腻胜玉，碧色奇目"，故名。泉水清澈透明，水质柔滑优良，水温在40℃~45℃之间，可以洗浴，还可饮用。浴则可治疗多种疾病，尤其是对皮肤

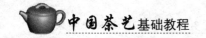

病、关节炎和慢性胃病患者疗效显著；饮则烹茶煮茗，其味温醇可口，风味独特。因此明代学者杨慎说此泉水"不可不饮"，并手书"天下第一汤"。

7. 月牙泉——沙漠第一泉

月牙泉位于甘肃省敦煌市城南 5 千米，以"山泉共处，沙水共生"的奇妙景观著称于世，有"天下沙漠第一泉"的美誉。

（二）天下第二泉——无锡惠山泉

惠山泉位于江苏无锡锡惠公园内。相传为唐朝无锡县令敬澄于大历元年至十二年（公元 766~777 年）所开凿。相传唐代陆羽尝遍天下名泉，并为二十处水质最佳名泉按等级排序，惠山泉被列为天下第二泉。随后，刘伯刍、张又新等唐代著名茶人均推惠山泉为天下第二泉。宋徽宗时，此泉水成为宫廷贡品。

唐武宗时，宰相李德裕很爱惠山泉水，曾令地方官司吏用坛封装，驰马传递数千里，从江苏运到陕西，供他煎茶。因此唐朝诗人皮日休曾将此事和杨贵妃驿递荔枝之事相比联，作诗讥讽："丞相常思煮茗时，郡侯催发只嫌迟；吴郡去国三千里，莫笑杨妃爱荔枝。"宋代苏轼曾游无锡品惠山泉，留下了"独携天上小圆月，来试人间第二泉"的吟唱。著名民间音乐艺术家阿炳以惠山泉为素材所作的二胡演奏曲《二泉映月》，以其鲜明的节奏和清新流畅的旋律被人们所喜爱。

惠山泉自泉壁石雕的"龙头"中流出，叮咚作响，清脆悦耳。泉畔建有"二泉亭"，泉池旁边的大石上，刻着"天下第二泉"五个大字，是元代著名书法家赵孟頫所题。亭内有上池和中池，泉亭之上为"景徽堂"，泉亭之下为"漪澜堂"，堂前为下池。上池、中池和下池组成了"天下第二泉"的完整水系。三池形状各异，均砌以精致的青石栏杆。上池八角形，径四尺五寸，开凿最早，水质最好。中池方形，边长三尺，距上池仅二尺许，水质较差。下池最大，长方形，开凿于北宋明道年间。下池北面的围墙上，嵌有"天下第二泉"题刻，笔势雄劲，系清朝进士、吏部员外郎王澍手书。

（三）天下第三泉——苏州虎丘石泉水

该泉位于江苏苏州市阊门外西北山塘街，距城约 3.5 千米。泉井所在的小院，清静幽雅，园门上刻有"第三泉"三个大字。第三泉又名"陆羽井"。据《苏州府志》记载，陆羽曾在虎丘寓居，发现虎丘泉水清洌，甘美可口，便在虎丘山上挖一口泉井，所以得名，陆羽评此水为第五，刘伯刍评此水为天下第三。

（四）天下第四泉——扇子山蛤蟆石泉水

该泉位于宜昌境内的长江三峡西陵峡中黄牛峡南岸的扇子峰（又称明月峰）麓，距湖北宜昌市西北 25 千米处，因临江之处有一溶洞，洞口下有一挺出的大石，像一只张口伸舌、鼓起大眼的蛤蟆，故名蛤蟆石。在洞口的蛤蟆石尾，涌出一股清泉，水质清澈，滋味甘醇，就是蛤蟆泉。陆羽称"峡州扇子山下有石突然，泄水独清冷，状如龟形，俗云蛤蟆口水，第四"。

（五）天下第五泉——扬州大明寺泉水

大明寺，在江苏扬州市西北约 4 千米的蜀岗中峰上，曾是唐代高僧鉴真大师居住和讲学的地方。天下第五泉在寺内的西花园里。西花园也是一座御苑，又名芳圃，相传为乾隆十六年（公元 1751 年）乾隆下江南到扬州欣赏风景的一个御花园，以山村野趣著称。唐代品泉名家刘伯刍将扬州大明寺泉水评为"天下第五泉"。大明寺泉水，水味醇厚，宋代欧阳修在《大明寺水记》所说"此水为水之美者也"。

（六）陆羽泉

该泉位于江西上饶市广教寺内（现为上饶市第一中学）。茶圣陆羽曾在上饶广教寺隐居多年，筑有山舍，后人名为陆鸿渐宅。宅外种植茶园数亩，开凿一井泉，地下水经过四周红色石英砂岩渗透过滤，水清味甜。唐孟郊《题陆鸿渐上饶新开山舍》诗云："惊彼武陵状，移归此岩边。开亭拟贮云，凿石先得泉。啸竹引清吹，吟花成新篇。"

陆羽为了研究和调查茶事，品泉试茗，一生到过许多地方，因此全国称谓陆羽泉的井泉很多，除上饶陆羽泉外，至少还有两处也称陆羽泉，一处在浙江余杭双溪，一处在湖北天门。

（七）虎跑泉

该泉位于杭州西湖西南大慈山下。相传唐元和十四年（公元 819 年）高僧寰中居此，苦无水，欲走，夜晚他梦见一位神仙，告诉他说："南岳童子泉，当遣二虎移来。"第二天，果然看见"二虎刨地作穴"涌出一股泉水，故名"虎跑"。

据地质学家的调查研究，"虎跑"附近的岩层属于砂岩，因裂隙较多，透水性能好，带来的可溶解矿物质不多，因此虎跑泉水质相当纯净。经化学分析证明，它的矿物质含量每升水只有20~150毫克，比一般泉水要低。这就是虎跑泉水特别沁人心脾，被誉为杭州名泉之首的原因。

虎跑泉周围幽雅清秀，泉水甘洌醇厚，龙井茶用虎跑水冲泡，清香四溢，被誉为"西湖双绝"。

（八）庐山名泉

匡庐多名泉，谷帘泉、招隐泉、三叠泉名闻四海，聪明泉、櫹断泉、涌恩泉也是庐山众多山泉中的佼佼者。

庐山栖贤寺观音桥边的招隐泉，由于水色清碧，其味甘美，被陆羽确认为"天下第六泉"。招隐泉的名字来历与陆羽紧密相连，相传有两个说法，一是陆羽曾隐居浙江苕溪，人称"苕隐"，由此演变此泉为"招隐"之名；二是由当时的大官吏李季卿慕名召见隐居在此的陆羽而来，因"召"与"招"字同音，人们将此泉称为"招隐泉"。招隐泉旁旧有陆羽亭，曾是陆羽隐居煮茶的地方。清代光绪年间隐居在庐山山南观音桥栖贤寺边的诗歌王子易顺鼎，将居处附近的"天下第六泉"招隐泉水分赠两湖总督张之洞、湖南巡抚陈宝箴等人，受到当时名流人士的好评。

招隐泉为裂隙泉，泉水自基岩裂隙中流出，泉水色清如碧、味甘如饴，长流不竭。据测定，招隐泉水呈中性，每升水中约溶解有70毫克的硫酸钙，因而入口使人感到甘爽。水体中矿物含量较低，每升水中矿化度只有134毫克，硬度低，属软水。水体洁净，透明无色，水温四季不变，流量稳定，为山泉中之优质饮用水，更是宜茶好水。

庐山聪明泉，位于庐山西北麓的晋代古刹东林寺内。据传荆州刺史殷仲堪来东林寺探望好友慧远，慧远赞赏殷仲堪博学多才，能言善辩，故指着竹丛间的一处涌泉道："君之才辩，如此泉涌。"后人特在泉之四周砌以青石，号曰聪明泉。后经皮日休的礼赞，于是名传天下。聪明泉水质清洌甘醇，终年不涸，烹煮山茗，鲜爽可口，馨香久存。

莲花洞的涌恩泉水经过庐山茶人的科学检测，为弱酸性软水，与庐山云雾茶相得益彰。

课堂任务 2　科学饮茶

中医理论认为：茶甘味多补而苦味多泻，可知茶叶是攻补兼备的良药。唐代的大医药家陈藏器，著有《本草拾遗》一书，其中对于茶的防治疾病功能有一句很深刻的总结："茶为万病之药"。茶叶的保健功能，主要来说可以归纳为抗氧化、抗衰老、抗癌、抗辐射、抗过敏、抗菌、抗病毒、降脂减肥、降血糖、降血压、增强免疫力、防治心脑血管疾病、预防龋齿、美容、脑损伤保护等。抗氧化是最主要的保健功能。

根据人体对茶叶中药效成分和营养成分的合理需求，结合人体对水分的需求，成年人每天饮茶的量以泡饮干茶 5~15 克为宜。泡这些茶的用水总量可以控制在 400~1500 毫升。具体饮茶数量还要综合年龄、饮茶习惯、本人健康状况等情况。

一、根据季节选茶

四季更替，气候变化不一，寒暑有别，干湿各异，在这种情况下，人的生理需求是各不相同的。因此，要顺其自然，顺应人的生理需求，根据不同茶的品性特点，根据季节选择不同的茶叶饮用。

"春三月，此谓发陈，天地俱生，万物以荣"，春天是生发之机，万物开始昌盛，宜饮花香茶香相结合的花茶、凤凰单丛、清香型乌龙茶，既可以祛除心中郁结，又可以祛除冬天的邪寒，促进人体阳刚之气的回升。夏季为生长之机，万物都已经茂盛了，炎炎夏日，阳气升发，饮上一杯降温消暑的绿茶、白茶，出身大汗既可以代谢身体垃圾又可给人清凉之感。秋季为收敛之机，燥气起来了，饮上一杯不凉不热的乌龙茶、黄茶，属性平和，既能消除盛夏余热，又能收敛神气。冬季为收藏之机，寒冷冬季，阳气全部收敛了，饮上一杯去寒就温的红茶、普洱熟茶或黑茶，都可起到暖胃生热之效。

二、根据体质选茶

不同的茶有不同的特性，苦丁茶属于极凉性；绿茶、黄茶、白茶、普洱生茶（新）、轻发酵乌龙茶属于凉性；中发酵乌龙茶属于中性；重发酵乌龙茶、黑茶和红茶属于温性。

喝茶因个人体质不同而异，要根据个人体质选择适合的茶类。2009年4月9日发布的《中医体质分类判定标准》，将个人体质分为平和质、气虚质、阳虚质、阴虚质、湿热质、血瘀质、痰湿质、气郁质和特禀质。不同体质类型应选择不同茶类。平和体质的人各种茶类均适宜。气虚体质的人容易感到累，气不够用，这类人适宜发酵中度以上的乌龙茶、熟普等。阳虚体质的人冬天手脚易冰凉，此类人以选择红茶、熟普、黑茶为上，红茶、熟普、黑茶属性温热，长期饮用有温中助阳、驱寒暖胃的功效。热性体质有阴虚性体质和湿热性体质，此类人适宜多饮绿茶、黄茶、白茶、苦丁茶、轻发酵的乌龙茶，长期饮用有提神清心、生津利便的功效。血瘀体质的人容易出现瘀斑，可以喝浓一些的茶，红糖茶、玫瑰花茶都是不错的选择。痰湿体质的人，体形肥胖，腹部肥满松软，易出汗，可以多喝各类茶，选择乌龙茶、普洱茶为上，长期饮用有去油消脂的功效。气郁体质的人多愁善感，适宜饮用富含氨基酸的茶如安吉白茶、黄金芽、花茶等。特禀体质的人容易对药物、食物、气候过敏，适宜氨基酸含量高的茶，如安吉白茶、黄金芽等，不适宜喝浓茶。

三、做到茶水分离

用热水泡茶时，各种成分的浸出率是不同的，一般来说，溶质分子越小，亲水性越大，在茶叶中含量越高，扩散常数越大。如咖啡碱分子小，亲水性好，因此扩散常数较大，即咖啡碱比茶多酚更易浸泡出来；同理，氨基酸也易于浸泡。茶水分离利于控制好浸泡时间，可以使各种成分比例协调，茶汤浓度适宜。

现泡现饮还可控制温度适饮。将茶水冲泡好后分入品茗杯，此时茶汤的温度刚好适合饮用，水温太高容易烫伤口腔、咽喉及食道黏膜，长期的高温刺激还是导致口腔和食道肿瘤的一个诱因。相反，对于冷饮，则要视情况而定。老年人及脾胃虚寒者，应忌冷茶。所以，饮用茶汤温度以50℃~60℃为宜。

茶水分离后便于闻茶叶真香，茶叶不会有熟闷味。

四、饮茶禁忌

饮茶有诸多好处，但物极必反，饮茶过量，尤其是过度饮浓茶，对健康不利，因此饮茶必须适量。

（一）饭前饭后不宜大量饮茶

饭前大量饮茶会冲淡唾液，影响胃液分泌并降低食欲。饭后立即饮茶，茶叶中的茶多酚会与食物中的铁、蛋白质发生凝固作用，影响人体对铁和蛋白质的吸收，并且会延长食物的消化时间，增加胃的负担。饭后应隔半小时饮茶，才有助于消食去脂。

（二）妇女三期不宜多饮茶

妇女三期指的是经期、孕期、哺乳期，在此期间妇女不宜多饮茶，要饮也要饮清淡的茶，忌讳喝浓茶。

经期饮茶会使基础代谢增高，可能会引起痛经、经期延长、经血过多，甚至缺铁性贫血等现象。

孕期饮茶，由于茶叶中含有咖啡碱，会加重孕妇的心跳和肾脏负担，使心跳加快，排尿增多，严重可诱发妊娠中毒。而且孕妇在吸收咖啡碱的同时，胎儿也被动吸收，胎儿对咖啡碱的代谢速度要比大人慢得多，这会影响胎儿的营养供应，对胎儿的发育不利。

哺乳期饮茶，茶水中高浓度的鞣酸进入哺乳期妇女的血液循环，会有收敛作用，抑制奶水的分泌。咖啡碱可通过奶汁进入婴儿体内，对婴儿起到兴奋作用，有时会导致婴儿无故哭闹，甚至会发生肠痉挛。

（三）冲泡次数过多的茶不宜饮用

冲泡具体次数应视茶质、茶量而定，但一杯茶经过三至四次冲泡后，90%以上的营养物质和有效成分都已溶出，再继续冲泡，茶叶中一些对品质不利的物质会浸出较多，不适合饮用。

（四）冲泡时间过久的茶不宜饮用

茶叶冲泡时间过久，茶叶中的多酚类物质、维生素、蛋白质等都会氧化而

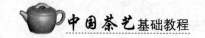

减少，从营养和卫生角度来说，茶汤暴露在空气中，放久了容易滋生腐败性微生物，使茶汤缓慢变质。因此，一般情况下，冲泡时间过久的茶不宜饮用。隔夜茶也是同样道理。

（五）空腹不宜过量饮茶

茶叶中含有茶碱，空腹不宜过量饮茶，更不宜饮浓茶。空腹饮茶容易引起茶醉，导致血液循环加速、呼吸急促、心慌、心悸、心跳加速等一系列不良反应。出现茶醉，应立即停止饮茶，吃些茶点或喝些糖水，症状即可得到缓解。

（六）贫血患者以及服用含铁、含酶制剂药物时不宜饮茶

缺铁性贫血患者不宜饮茶，由于茶叶中的多酚类物质会和食物中的铁发生化学反应，不利于人体对铁的吸收，从而加重病情。其次，缺铁性贫血患者服的多是含铁药物，多酚类物质与药物中的铁剂发生化学反应而产生沉淀，会影响药效。

（七）冠心病患者须酌情饮茶

冠心病有心动过速和心动过缓的症状。茶叶中的咖啡碱有兴奋作用，可以增强心肌的机能。对于窦房传导阻滞或心动过慢的冠心病患者来说，适当喝些茶，甚至喝些偏浓的茶，配合药物，有助于提高心率，起到治疗的作用。对于心动过速的冠心病患者来说，最好做到不饮茶，以免因喝茶引起心跳加快。有心房纤颤或心脏早搏的冠心病患者，也不宜饮茶，饮茶容易促使发病或加重病情。

（八）神经衰弱患者要节制饮茶

神经衰弱患者主要是晚上容易失眠，而茶叶中含有咖啡碱会刺激人的中枢神经，使人处于兴奋状态。所以神经衰弱患者在白天可以适当饮些淡茶，夜晚尤其临睡前不宜饮茶。

（九）脾胃虚寒者不宜饮茶

脾胃虚寒者胃部常有寒凉感，而茶叶属性寒凉，尤其是绿茶，当饮茶过浓或过多时，茶叶中所含的茶多酚会对患者胃部产生强烈刺激，影响胃液的分

泌，轻者影响食物消化，严重会产生胃酸、胃痛等不适现象，使患者脾胃虚寒症状加重。所以脾胃虚寒患者，或患有胃病的人，要尽量少饮茶，特别是少饮绿茶。

企业实践任务　学会选择泡茶用水

一、实践目的

通过对比，了解不同泡茶用水对茶汤的影响，学会选择适合的泡茶用水。

二、实践准备

（1）实践分组：以 4 人一组为佳。

（2）茶具准备：2 把烧水壶、2 个水盂、2 个盖碗、2 个公道杯、2 个茶荷、1 个茶匙、2 个滤网、品茗杯（与人数相匹配）、1 块茶巾、1 个计时器、TDS 笔、pH 试纸（笔）、电解笔、绿茶茶汤色卡。

（3）茶叶准备：绿茶（庐山云雾茶），投茶量为 1：50。不同地区可结合当地茶品特色进行准备。

（4）泡茶用水准备：纯净水、自来水。

（5）泡茶水温：90℃。

三、实践流程

（1）茶具、茶叶、冲泡水温相同，分别用自来水和纯净水来冲泡庐山云雾茶，浸泡时间 1 分 30 秒，将浸泡后的 2 份茶汤倒入公道杯，分到品茗杯中。

（2）通过观色、闻香、尝味来分辨哪杯是自来水冲泡，哪杯是纯净水冲泡。

（3）根据品尝结果利用工具进行测试，得出测算数据支撑感官结论。

四、注意事项

（1）两款水的对比由同一名同学进行冲泡。

（2）TDS 笔：TDS 值代表水中的可溶性总固体量，TDS 值越低说明纯净

度越高。

（3）pH 纸（笔）：检测冲泡用水的 pH 值，pH 值等于 7 为中性，pH 值小于 7 偏酸性，pH 值大于 7 偏碱性。

（4）水质电解器：测定水中含有重金属、杂质情况。电解出不同的颜色对应可能含有的杂质。

（5）茶汤色卡：便于绿茶茶汤色泽比对。

奉同尤延之提举庐山杂咏十四篇 其十三 康王谷水帘
宋·朱熹

循山西北鹜，崎岖几经丘。前行荒蹊断，豁见清溪流。
一涉台殿古，再涉川原幽。萦纡复屡渡，乃得寒岩陬。
飞泉天上来，一落散不收。披崖日璀璨，喷壑风飕飗。
追薪爨绝品，渝茗浇穷愁。敬酹古陆子，何年复来游。

任务 5

茶具知识及茶具选配

素质目标

1. 培养学生的科学精神和态度。

2. 培养学生自我学习的习惯、爱好和能力。

3. 培养学生的团队协作意识。

知识目标

1. 了解茶具的演变和发展。

2. 熟悉瓷质茶具的种类及特点。

3. 熟悉陶质茶具的种类及特点。

4. 熟悉玻璃及其他材质茶具的种类及特点。

能力目标

1. 能鉴别常用瓷器、紫砂、玻璃茶具的品质。

2. 能根据不同材质特点，选配适合的泡茶器具。

课堂任务1　茶具的演变和发展

"工欲善其事，必先利其器"，人们在从事茶艺活动时，不仅讲究茶叶的色、香、味、形和泡茶用水的清、轻、甘、活、冽，还必须具备一套合适的器具。唐代陆羽在《茶经·九之略》中说"但城邑之中，王公之门，二十四器阙一则茶废矣"。可见茶器的重要性。《茶经》中把采茶、制茶的工具称之为"具"，把煮茶、饮茶的工具称之为"器"，我们这里所说的茶具是指煎煮泡、品饮茶的各式工具。

茶具的演变和发展与饮茶的产生和发展密切相关，随着茶逐渐成为日常饮料之后，与饮茶相配套的专用器具才开始出现。茶具的演变经历了古朴、富丽、淡雅三个阶段。

在原始社会，一器多用，没有专门的茶具。关于饮茶器具的最早记载是在西汉。王褒在《僮约》中描述"武阳买茶，烹茶尽具"，这里的"具"是什么样子，称呼是什么，质地和用法如何，后人已无法搞清楚，但可以确定的是在当时饮茶已有了专门器皿。

魏晋以后，饮茶器具慢慢从其他饮器中独立出来。据考证，最早的专用茶具是盏托，盘壁由斜直变成内弧，有的内底下凹，有的有一凸起的圆形托圈，使盏"无所倾斜"，同时出现直口深腹圈足盏。西晋饮茶特别挑选东部浙江产的青瓷器具。杜育的《荈赋》中说"器择陶简，出自东隅。酌之以匏，取式公刘"。到南朝时，有了饮茶使用盏托的记载。

唐代是历史上对茶具的第一次系统总结。唐朝煎茶、饮茶的用具非常繁杂，当时的王宫贵族多用金银茶具，而民间却以陶瓷茶具为主。陆羽在《茶经·四之器》详细记载了当时的各种煎饮茶器具。茶具也呈现"南青北白中彩"的局面。

宋代点茶法日渐盛行，民间饮茶大多不用碗而用盏，因崇尚茶汤"以白为贵"，故宋人推崇建窑黑（瓷）釉盏。当时，烧瓷技术有了很大提高，全国形成了官、哥、汝、定、钧五大名窑。南宋审安老人在《茶具图赞》中用白描画法画了备茶和饮茶用的12种茶具，取名"十二先生"，并冠以名号。宋代相对于唐代茶具开始趋于简洁，主要有茶碾、茶磨、茶盏、茶笼和汤瓶等。茶具所用的材质除陶瓷外，也用金银。

元代，紧压茶逐渐衰退，条形散茶（即芽茶和叶茶）开始兴起，直接将散茶用沸水冲泡饮用的方法，逐渐代替了将饼茶研末而饮的点茶法和煮茶法。与此相应的是一些茶具开始消亡，另一些茶具开始出现。元代茶器是上承唐、宋，下启明、清的一个过渡时期。元代青花白瓷和釉里红瓷创制成功，把瓷器装饰推进到釉下彩的新阶段。

明代茶叶的加工和饮用发生了巨大变化，除边疆人民饮茶用煮饮外，散茶的泡饮增多，因而茶具种类简化。明代饮茶器具最突出的特点是小茶壶的出现。江西景德镇的青花瓷、白瓷备受推崇，品茶用具瓷色尚白，器形贵小。明代中期后，开始注重"茶味"，讲究"壶趣"，出现了瓷壶和紫砂壶，以江苏宜兴的紫砂壶最负盛名。明代许次纾的《茶疏》中说"其在今日，纯白为佳，兼贵于小"。

清代茶类有了很大的发展，形成了六大茶类。这些茶均属条形散茶。无论哪种茶类，饮用时仍然沿用明代的瀹饮法，所以茶具在种类和形式上基本与明朝类似。与明代相比，清代茶具的制作工艺技术有着长足的发展。清代以后，茶具形成了以瓷器和紫砂器为主的局面，在康乾时期最为繁荣，以"景瓷宜陶"最为出色。盖碗在清代受茶客喜爱。景德镇除继续生产青花瓷外，彩瓷茶具较明代有长足发展，创制了珐琅彩、粉彩等新品种。清代的紫砂茶具在继承明代紫砂实用传统的同时，融合了造型、绘画、诗文、书法、篆刻等多种艺术形式，使紫砂壶成为精致的有较高使用价值的艺术品。此外，自清代开始，广州织金彩瓷、福州脱胎漆器、四川竹木茶具等相继出现。

我国茶具经过多方面发展，种类有茶炉、茶壶、茶碗、茶盏、茶杯等专用茶具。从茶具材料质地来看，有陶器、瓷器、铜器、锡器、金器、银器、玉器、玛瑙、石器、漆器、景泰蓝等。我国目前的茶具仍以"景瓷"和"宜陶"最为流行，此外还有金属茶具、玻璃茶具、竹木茶具、搪瓷茶具等。

课堂任务 2　瓷质茶具

一、瓷质茶具发展历史

瓷质茶具的发展经历了从陶到瓷的一个发展过程，瓷是陶发展而成的，瓷器的胎料是高岭土，表面多施釉，需要1300℃的高温才能烧成，胎质坚固致密，断面基本不吸水，敲击时会发出清脆的金属声响。

陶器的发明是人类文明的重要进程，是人类第一次利用天然物，按照自己的意志创造出来的一种崭新的东西。从河北省阳原县泥河湾地区发现的旧石器时代晚期的陶片来看，在中国，陶器的产生距今已有11 700多年的悠久历史。

陶器是用黏土成型晾干后，用火烧出来的，是泥与火的结晶。我们的祖先对黏土的认识是由来已久的，早在原始社会的生活中，他们发现被水浸湿后的黏土有黏性和可塑性，晒干后变得坚硬起来。对于火的利用和认识历史也是非常久远的，大约在205万年至70万年前的元谋人时代，就开始用火了。先民们在漫长的原始生活中，发现晒干的泥巴被火烧后，变得更加结实、坚硬，而且可以防水，于是陶器就随之产生了。

从目前所知的考古材料来看，陶器中的精品有旧石器时代晚期距今1万多年的灰陶、有8000多年的磁山文化的红陶、有7000多年的仰韶文化的彩陶、有4000多年的龙山文化的黑陶、有4000多年的商代白陶、有3000多年的西周硬陶，还有秦代的兵马俑、汉代的釉陶、唐代的唐三彩等。到了宋代，瓷器的生产迅猛发展，制陶业趋于没落，但是有些特殊的陶器品种仍然具有独特的魅力，如三彩器和明、清至今的紫砂壶等。

仰韶文化是距今约5000~7000年中国新石器时代的一种彩陶文化。因1921年首次在河南省三门峡市渑池县仰韶村发现，按照考古惯例，将此文化称之为仰韶文化。彩陶文化以细泥红陶和夹砂红褐陶为主，主要呈红色，多用手制作，用泥条盘成器形，然后将器壁拍平。仰韶文化的最明显特征是红陶器上常有彩绘的几何形图案或动物形花纹，故也称彩陶文化。

现藏于中国国家博物馆的人面鱼纹彩陶盆是新石器时代仰韶文化的彩陶

珍品。虽名为"盆",但实际上是一件儿童瓮棺的棺盖。人面鱼纹彩陶盆通高
16.5 厘米,口径 39.8 厘米,敞口卷唇,细泥红陶质地。盆内壁以黑彩绘出两
组对称的人面鱼纹。其构图手法大胆夸张。人面成圆形,头顶上三角形发髻高
耸,加上鱼鳍形的装饰,显得威武华丽。额的左半部涂为全黑,右半部下为黑
色半弧形,上面留出弯镰形的空白,或许是当时的文面习俗。眼睛细而平直,
鼻梁挺直,神态安详,嘴旁分置两个变形鱼纹,鱼头与人嘴外廓重合,加上两
耳旁相对的两条小鱼,构成形象奇特的人鱼合体,表现出丰富的想象力。在相
对的人面之间还有两条大鱼同向追逐,鱼身及鱼头均呈三角形,圆形鱼眼,虽
寥寥几笔,却把鱼的形神勾画得具体而细微,斜方格鱼鳞,富有律动感,充满
了生气。整体图案显得古拙、简洁而又奇幻、怪异。

　　龙山文化泛指中国黄河中下游地区新石器时代晚期的一类文化遗存,因发
现于山东章丘龙山镇而得名,距今约 4000 年。山东龙山文化黑陶是继仰韶文
化彩陶之后的优秀品种,出土的黑陶火候较低,胎壁较厚,全系手制。主要器
皿有釜、钵、罐、盆、盘等。装饰技法有刻画、捏塑和堆贴。图案有各种几何
纹和动植物纹。其中,以较写实的畜兽鱼鸟和花草一类的装饰最具代表性。典
型陶器有猪纹方钵,上绘一猪,巨眼长嗓,鬃毛清晰。钵呈长方形,圆角,平
底,外壁两面都刻画有猪纹,形态真实,鬃毛毕露,猪身还装饰有圆圈和花叶
纹饰。以猪为陶器装饰,这是我国目前所知最早的一例。这件猪纹黑陶钵也说
明了人类在进化过程中进入了定居生活,它提供了野猪向家猪转化的初始阶段
的资料,反映了原始畜牧业萌芽的情况。

　　距今 3000 多年前的商周是硬陶的兴盛时期,硬陶较普通黏土细腻、坚硬,
却比原始瓷器含杂质多,含铁量较高,胎色较深,多呈紫褐、红褐、黄褐和灰
褐色,绝大多数是贮盛器。

　　釉陶是表面施釉的陶器,挂釉可保护胎器,起到装饰作用。最早的釉陶是
西汉时期的铅釉陶器。釉在克服陶器的吸水率上有突出的贡献,陶器上了釉,
会减弱它的吸水率,所以釉陶比陶器更容易使用。凡釉里含铜,烧出来就呈现
绿色;凡釉里含铁,烧出来就呈现黄色。釉料里加入助熔剂铅可以降低釉的熔
点,还可使釉面增加亮度。东汉以后因为战乱,釉陶生产一度衰落,十六国时
期开始复苏,北朝时期产量增加,转为在瓷器作坊中生产。至隋唐釉陶高度发
展,创烧出蜚声世界的唐三彩,如图 5-1 所示。唐三彩的烧制采用的是二次
烧成法。它的胎体是用白色的黏土制成,在窑内经过 1000℃ ~1100℃ 的素烧,

将焙烧过的素胎经过冷却，再施以配制好的各种釉料入窑釉烧，其烧成温度为850℃~950℃。在窑内彩烧时，各种金属氧化物熔融扩散任意流动，形成斑驳灿烂的多彩釉，釉色有绿、黄、蓝、白、赭、褐等色，所谓三彩，实为多彩，多以黄、赭、绿三色为主。

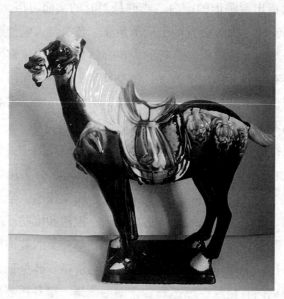

图5-1　唐三彩

瓷器脱胎于陶器，中国瓷器的发展，是从低级到高级、从原始到成熟逐步发展的过程。早在3000多年前的商代，我国已出现了原始青瓷，再经过1000多年的发展，到东汉时期终于烧制出成熟的青瓷器，这是我国陶瓷发展史上的一个重要里程碑。隋朝创造了瓷的匣钵烧造，把原来叠火烧造中的黏附沙料、釉色不纯等弊病除去，又利用印花、刻花技术提高了瓷器质量。唐代出现的"南青北白"（浙江余姚的越窑青瓷与河北内丘的邢窑白瓷），在中国瓷史上起着承前启后的作用。宋代全国有五大名窑，即官窑、哥窑、汝窑、定窑、钧窑，各自烧造不同风格的瓷器。比较有名的有福建建安的黑瓷，浙江龙泉的青瓷、河南钧窑的玫瑰紫釉瓷、河北定窑的白瓷等。元代的茶具和宋代的差不多，茶具制作最大的变化是景德镇创烧出闻名于世的青花瓷。当时青花茶具不仅国内驰名，而且远销国外，日本的"茶道鼻祖"村田珠光特别喜爱这种茶具，日本人把青瓷茶具定名为"珠光青瓷"，沿用至今。明代瓷器制作技术有很大提高，景德镇成为全国瓷器生产中心。永乐时创制的白釉脱胎瓷器及宝石红釉，宣德时的青花和祭红，成化时的五彩和斗彩，都超越前代。清代陶瓷茶具的生产，以康熙、雍正和乾隆三个时代最为繁荣，景德镇的瓷器除青花外还有粉彩、斗彩、珐琅彩及各类颜色釉。由前代托盏演变而来的盖碗也开始流行，成为清代茶具一大特色。现代我国著名的瓷器产区有江西景德镇，河北唐山、邯郸，广东佛山、潮州，山东淄博，辽宁海城等地。

二、瓷具的种类

瓷器茶具按所用釉料的不同可分为青瓷茶具、白瓷茶具、黑瓷茶具和彩瓷茶具。江西景德镇所产的薄胎瓷器素有"白如玉，明如镜、薄如纸，声如磬"的美誉。

（一）青瓷茶具

青瓷茶具是施青色高温釉的瓷器。青瓷釉中的主要呈色物质是氧化铁，因氧化铁含量的多少、釉层的厚薄和还原程度高低的不同，釉色会呈现出深浅不一、色调不同的颜色。我国于东汉开始生产色泽纯正、透明发光的青瓷。唐朝时越窑"秘色青瓷"茶盏的烧制技术已达到相当高度。陆龟蒙《秘色越器》"九秋风露越窑开，夺得千峰翠色来"，描绘的就是越窑青瓷的美丽色彩。宋代作为当时五大名窑之一的浙江龙泉窑青瓷茶具的生产达到鼎盛时期，远销各地。浙江龙泉青瓷，以"造型古朴挺健，釉色翠青如玉"著称于世，特别是造瓷艺人章生一、章生二兄弟俩的"哥窑""弟窑"，继越窑有所发展，学官窑有创新，产品质量突飞猛进，无论釉色或造型都达到了极高造诣。因此，"哥窑"被列为五大名窑之一。

现代青瓷以龙泉青瓷和仿汝窑青瓷为主。龙泉青瓷分哥窑和弟窑，哥窑的特点是黑胎厚釉，瓷器外形特征是"金丝铁线，紫口铁足"，釉面开片，以瑰丽、古朴的纹为装饰手段，其釉层饱满、莹洁，如图5-2哥窑香炉。弟窑的特点是白胎厚釉青瓷，瓷器外形特征是光洁不开片，胎白釉青，釉层丰润，光泽柔和，青翠晶莹，温润如玉，以无纹者为贵，粉青釉为最佳，还有翠青色，浓淡不一，豆绿色与汝窑器大致相同，往往不易分辨，如图5-3弟窑品茗杯。汝窑瓷的特点是胎质细腻，俗称"香灰胎"，具有"青如天，面如玉，蝉翼纹，晨星稀，芝麻支钉釉满足"的典型特色，如图5-4汝窑壶。

青瓷色泽青翠，用来冲泡绿茶，更有益汤色之美。不过，用它来冲泡红茶、黑茶、青茶则易使茶汤失去本来面目。

图 5-2　哥窑香炉

图 5-3　弟窑品茗杯

图 5-4　汝窑壶

（二）白瓷茶具

白瓷茶具是在青瓷茶具的基础上产生的，它的产生比青瓷的产生晚近两千年。白瓷要求胎、釉都是白色的，其杂质的含量要比青瓷少得多，其中铁的氧化物只占 1% 或不含铁，以氧化焰烧成，釉层纯净而透明，工艺要求比青瓷高得多，是瓷器工艺高度发展的产物。

白瓷如银似雪，早在唐代就有"假白玉"之称。白瓷茶具是后来各种彩绘瓷器茶具的基础，青花、釉里红、五彩、斗彩、粉彩等各种彩绘都是在白釉上或白釉下展现出来的。

白瓷茶具具有坯质致密透明、无吸水性、音清而韵长等特点，因色泽洁白，能反映出茶汤色泽，传热、保温性能适中，加之五彩缤纷，造型各异，堪称饮茶器皿中之珍品，如图 5-5 所示。早在唐朝时，河北邢窑生产的白瓷器已"天下无贵贱通用之"。元代，江西景德镇白瓷茶具远销国外。

白瓷茶具适合冲泡各类茶叶，所以使用非常普遍。

（三）黑瓷茶具

黑瓷是施黑色高温釉的瓷器。釉料中氧化铁的含量在 5% 以上。商周出现原始黑瓷。东汉的上虞窑烧制的黑瓷施釉厚薄均匀，釉色有黑、黑褐等数种。宋代斗茶之风盛行，斗茶者根据经验认为黑瓷茶盏用来斗茶最为适宜，黑釉品种大量出现，达到顶峰。烧制黑瓷茶具著名的窑口有建安窑和吉州窑。其中建安窑烧制的兔毫纹、油滴斑、曜变斑等茶碗，因釉料配方独特，釉中含铁量较高，烧窑保温时间较长，釉中析出大量氧化铁结晶，成品显示出流光溢彩的特殊花纹，成为不可多得的珍贵茶器，如图 5-6 所示。

福建建窑生产的兔毫茶盏，风格独特，上大足小，瓷质厚重，釉里布满兔毛状的褐色花纹，朴素雅观，而且保温性能较好，故为斗茶行家所珍爱。元明时期，散茶清饮兴起，斗茶之风不再，黑瓷茶具逐渐衰落。

图 5-5　白瓷茶具

图 5-6　油滴盏

（四）彩瓷茶具

彩瓷茶具包括釉下彩和釉上彩瓷质茶具。釉下彩瓷器是先在坯上用色料进行装饰，再施青色、黄色或无色透明釉，经高温烧制而成。釉上彩瓷器是在烧

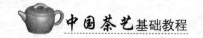
成的瓷器上用各种色料绘制图案，再经低温烘烤而成。

彩瓷的品种花色很多，包括青花瓷、釉里红、斗彩、五彩、粉彩、珐琅彩等，尤以青花瓷茶具最引人注目。它以氧化钴为呈色剂，在瓷胎上直接描绘图案纹饰，再涂上一层透明釉，然后在窑内经1300℃左右高温烧制而成。青花瓷茶具花纹蓝白相映，色彩淡雅，华而不艳。青花瓷茶具绘画工艺水平高，将中国传统绘画技法运用在瓷器上，加之彩料之上涂釉，显得滋润明亮，更平添了青花茶具的魅力，如图5-7青花品茗杯、图5-8青花盖碗、图5-9影青釉里红涂绘茶叶罐、图5-10斗彩鸡缸杯（仿）、图5-11粉彩品茗杯、图5-12珐琅彩品茗杯。

图5-7　青花品茗杯

图5-8　青花盖碗

图5-9　影青釉里红涂绘茶叶罐

图5-10　斗彩鸡缸杯（仿）

图 5-11　粉彩品茗杯

图 5-12　珐琅彩品茗杯

　　景德镇是我国青花瓷茶具的主要生产地。明代，景德镇生产的青花瓷茶具无论是器形、造型、纹饰等都冠绝全国，成为其他生产青花茶具窑场模仿的对象。此外还有各种单一颜色高温、低温釉的精美釉瓷茶具，有青釉、黑釉、酱色釉、黄釉、海棠红釉、玫瑰紫釉、鲜红釉、石红釉、红釉、豇豆红釉等，如图 5-13 玫瑰红釉品茗杯、图 5-14 祭蓝釉品茗杯、图 5-15 祭红釉品茗杯。

图 5-13　玫瑰红釉品茗杯

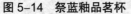

图 5-14　祭蓝釉品茗杯

图 5-15　祭红釉品茗杯

　　另外，还有一种骨瓷茶具，是在传统瓷配方基础上，通过添加氧化硅、氧化铝和氧化钙等矿化剂，经高温烧制成的白度高、透明度高、瓷质细腻的瓷器。骨瓷起源于 1794 年的英国，在自然界中，氧化钙的来源不多，所以选择动物的骨粉作为氧化钙的来源，骨瓷茶具由此得名。骨瓷白度高、硬度高、色调柔和、呈半透明状，受到很多饮茶人士的喜爱。

课堂任务 3　　紫砂茶具

　　清代汪文柏赠当时紫砂壶名家陈鸣远《陶器行》中说"人间珠玉安足取，岂如阳羡溪头一丸土"，这是对陶都宜兴紫砂器由衷的赞美。宜兴，古称荆邑、阳羡、义兴，自古产名茶，茶圣陆羽认为阳羡茶"芳香甘洌，冠于他境"，然而陶都宜兴最著名的还是历史悠久的制陶业。

一、紫砂茶具简介

　　紫砂茶具属于陶质茶具，包括壶和杯等，主要是紫砂壶，如图 5-16 紫砂壶。紫砂陶器是一种经过高温烧制成型的、介于陶和瓷之间的精细茶器，具有特殊的双气孔结构，气孔微细，密度高，透气性极佳且不渗漏。用紫砂壶沏茶，不失原味，且香不涣散，又无熟汤气，而且久放茶水也不易霉馊变质；紫砂壶能吸收茶汁，长期使用后，空壶里注入沸水也有淡淡茶香；紫砂壶冷热急变性能好，寒冬腊月，壶内注入沸水不会因温度突变而胀裂，而且还可以置于文火上烹煮，不会因受火而裂，同时砂质传热缓慢，泡茶后握持不会烫手；紫砂壶面不施釉，使用越久，壶身色泽越发光润，气韵温雅。美中不足的是使用紫砂壶泡茶较难欣赏到茶叶冲泡时的美姿和汤色。

图 5-16 紫砂壶

二、紫砂壶所用原料

紫砂茶具坯质致密坚硬和所用的原料有关。宜兴紫砂陶所用的原料，包括紫泥、绿泥及红泥（或称朱泥，亦称石黄泥）三种，统称紫砂泥。

从矿层开挖出来的紫砂泥，俗称生泥，泥似块状岩石，经露天堆放风化，使其松散，然后粉碎，泥料过筛再加水，通过真空炼泥机捏炼，便成为供制坯用的熟泥料。

紫泥是生产各种紫砂陶器最主要的泥料，原料外观颜色呈紫色、紫红色，并带有浅绿色斑点；烧后外观颜色则呈紫色、紫棕色、紫黑色。紫砂泥单一原料即可成型烧成品种繁多的紫砂陶器。紫砂泥若再掺入粗砂、钢砂，产品烧成后珠粒隐现，产生特殊的质感。

绿泥是紫砂泥中的夹脂，故有"泥中泥"之称，产量不多，泥质较嫩，耐火力也比紫泥低，一般多用作胎身外面的粉料或涂料，使紫砂陶器皿的颜色更为多彩。

红泥是位于嫩泥和矿层底部的泥料，含铁量多寡不等，须经手工挑选，烧成之后变成朱砂色、朱砂紫或海棠红等色。由于红泥不利于独自成陶，产量

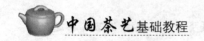

少，除早期销往南洋的水平小壶用红泥制作胎身外，一般只用作化妆土装饰在紫砂泥坯上。

紫砂泥的焙烧温度范围为1100℃~1300℃，这是紫砂制品不渗漏、不老化、越使用越显光润的原因。

三、紫砂壶的来历

相传明代正德年间，宜兴西蜀镇西南十几里的地方有个金沙寺，金沙寺老僧智静善于炼土，身怀制壶绝技，平日娴静有致，将泥手捏成胎，用工具规车做成圆，然后掏空胎体中部，加上口盖，粘接上壶嘴和把子，放在窑中烧成后自用。智静制成的壶，技法精巧，造型不俗。但他愤世嫉俗，性情孤僻，绝技不肯传人。当地有个叫吴颐生的读书人在寺中借读，他的书童名叫供春。一日供春偶见老僧制壶，便悄悄观看，天长日久，老僧制壶的方法被供春看在眼里，记在心头，闲暇时用老僧洗手后沉淀在缸底的废泥，徒手捏成一把小茶壶。这把茶壶外形十分奇特，是供春以寺旁白果树的树瘤为鉴而制，取法自然，意似"树瘤"，显得分外质朴古雅，烧成后砂质温润，令人喜爱，比老僧所制更胜一筹。从此，供春便开始制壶，制壶方法在当地流传开来，以后人们也将泥料沉淀后使用。供春所制成的壶被称为供春壶，成了历史名壶，被誉为"供春之壶，胜如金玉"，但他所制之壶极少，流传后世更是凤毛麟角。

四、历代紫砂壶名家

明代万历年间，供春之后的第一位紫砂名手当数时大彬。他最大的贡献是把紫砂壶"斩木为模"的制法改为槌片围圈，把打身筒和泥片镶接结合起来，成为紫砂工艺史上的一次大飞跃。他发现大壶储水多但容易走味，提携品玩也不方便，遂将大壶改成小壶，小巧的紫砂壶变成了掌上珍玩。"千奇万怪信手出，宫中艳说时大彬"，从时大彬开始，就形成了一整套的技法工艺流程。

明天启年间著名陶师惠孟臣制作的紫砂小壶，造型精美，别开生面，因他制的壶都落有"孟臣"款，茶家遂习惯称为"孟臣壶"。

陈鸣远，号鹤峰，一号石霞山人，又号壶隐，明末清初西蜀镇郊上袁村人，是花货鼻祖。他的作品题材广泛，大大超越了前人，既承袭了明代器物造型的朴雅大方，又发展了精巧的仿生写实技巧。他制作的茶壶，线条清晰，轮廓明显，壶盖有行书"鸣远"印章，至今被视为珍品。除茗壶以外，陈鸣远还善作杯、瓶、盒及各式像生果品，如束柴三友壶、伏蝉叶形碟、葫芦水洗等。这些创作扩大了紫砂工艺的领域，从他开始紫砂壶已形成一个完整的体系。

杨彭年的制品雅致玲珑，不用模子，随手捏成，天衣无缝，被人推为当世杰作。当时江苏溧阳知县陈曼生，癖好茶壶，工于诗文、书画、篆刻，特意到宜兴和杨彭年配合制壶。陈曼生设计，杨彭年制作，再由陈氏镌刻书画。其作品世称"曼生壶"，一直为收藏家们所珍藏。

杨凤年是紫砂历史上有记载的第一位女性。她的作品风卷葵壶把自然界大风吹动葵叶的动态表现得淋漓尽致。

后人对清朝邵大亨的评价是"前不见古人，后不见来者"。掇只壶是大亨作品中的巅峰之作，造型简洁质朴，壶身圆稳端庄，一洗晚清宫廷之繁缛风气，已成为后世紫砂艺人入门临摹的必修之课。

黄玉麟是喝蠡河水在蜀山脚下长大的紫砂艺人，13 岁就会制作掇球、供春、鱼化龙等难度较大的壶，还擅长作紫砂假山。雪花泥是他独创配制的紫砂泥料。

程寿珍是民国时期最重要的紫砂艺人之一，有 70 年制壶生涯。他制作的掇球壶是紫砂光器的经典之作，其壶盖极度夸张挺拔，大、中、小三球重叠，显得稳重圆润、丰满精致，体现了平和、清静、无为的道家精神。1915 年在美国旧金山举办的巴拿马国际赛会获金奖。

俞国良是民国时期另一位制壶名手。1932 年，他的四方传炉壶获美国芝加哥博览会优秀奖。这是紫砂壶中的稀世珍品，紫砂艺人常说传炉壶制作难度最大，但这件作品仿佛天成。俞国良一生清贫，晚年定居在蜀山下的木石村，把一生的技艺传给了后人，并为他们制作了许多制壶的工具，只活了 65 岁的俞国良留下了 60 件传世紫砂壶。

20 世纪 50 年代初，一片萧条的紫砂业在任淦庭、朱可心、裴石民、吴云根、王寅春、顾景舟、蒋蓉 7 位著名老艺人的带领下重整旗鼓，再次焕发出青春活力。

五、紫砂壶分类

紫砂壶通常以造型分类，一般分为光货、花货、筋瓢货三类：

1. 光货

不带装饰的几何形体造型，包括圆形、方形、锥形、菱花形、瓜轮形、梅花形、鹅蛋形、流线型等几何形态变化，这是最见设计者功夫的作品。

2. 花货

花货又叫自然形，即仿动物、植物等自然界固有物或人造物来作为造型的基本形态。这类作品又分两种，一种是直接将某一对象演变成壶的形状，如南瓜壶、柿扁壶、梅段壶。另一种是在壶筒上选择恰当的部位，用雕刻或透雕的方法把某种典型的形象附贴上，如常青壶、报春壶、梅形壶、竹节壶等。

3. 筋瓢货

筋纹造型，其特点是在光货的基础上有各式的棱角。筋纹与筋纹之间的形体处理大致有三种：第一种是菱花式壶，第二种是菊或瓜果类的纹样制作的壶，第三种是第二种的变态，筋纹与筋纹之间呈凹进的线条状，如图 5–17 所示。

图 5–17　南瓜壶

六、部分名壶简介

1. 松段壶

此壶是素有"陈鸣远第二"之雅号的紫砂名家裴石民所作。整壶以一截苍松为壶身造型，斑驳的树皮，被利斧砍伤的树身，枝丫依旧，显示出顽强的生命力。壶嘴为三弯变化的松枝，塑各式节疤。壶把柄间琢成斧劈撕裂的残痕，分权出新松枝叶，生意盎然。口盖为平嵌盖，吻合严密，上塑小松，枝叶有姿，十分完美，在苍劲中显出一派勃勃生机。

2. 高瓜壶

高瓜壶为紫砂大家王寅春所制。王寅春技艺的风格主要体现在方器及筋纹器造型上。盘纹器雍容大方，秀美可掬。这把高瓜筋纹圆润清晰，瓜形秀美端庄，壶把、壶流匀称挺拔，实为仿生壶中的精品。

3. 报春壶

此壶为紫砂大家朱可心 1973 年所制，壶身显鸡心形，以梅花枝梗作嘴、把、钮。枝和节疤布置合理，伸展自然，老干新枝，争奇斗艳；花分正、侧、背、偏，或含苞、或绽放，把梅花"俏也不争春，只把春来报"的情怀展示得淋漓尽致。底钤"朱可心"篆文方印，盖内有"可心"小章。

4. 云肩如意壶

此壶是顾景舟的经典之作，是传统的如意壶于肩部装饰云纹图案而得名。线条流畅，过渡自然，云纹连绵舒展，壶足秀丽挺拔，口盖严丝合缝，壶钮饱满圆润。

5. 荷花青蛙壶

此壶出自善做花货的中国工艺美术大师蒋蓉之手。莲花为身，莲茎为把，莲叶为足、为嘴，莲蓬为盖，青蛙为钮，构思之巧，工艺之精，堪称壶坛独步。

七、如何选购紫砂壶

购买一把紫砂壶，要从实用性和艺术性两方面来看。

实用的紫砂壶要有好的结构，壶的嘴、把、钮、脚应与壶身整体比例协调；中轴平衡，嘴、口、把的三高点成直线；容量适度；高矮得当；口盖得严紧；出水流畅。第一，从外观上辨认，观察口盖的平滑和密实性、出水的流畅度和断水的果断度及壶的通气性。第二，从紫砂泥上辨认，真正的紫砂泥并不鲜艳，有暗暗的光芒，并不明亮；新壶一般只有尘俗火气，而无其他味道，略微泡养过后的紫砂壶有一股淡淡的茶香；用壶盖在壶口上轻轻划过，真正的紫砂壶声音应如玉石般铿锵清脆；用手抚摸紫砂壶，刚出窑的可能有点干涩，养过后会变得玉润，跟望结合，真正的紫砂壶表面看起来有颗粒感，显得凹凸不平，但摸起来是光润的。第三，看壶身比例的合适度，壶嘴、壶盖、壶底是否三点一线；平视紫砂壶正面，壶嘴和壶把角度是否相近；壶身是否圆润有致或方中带正。

艺术性包括形、神、气、态。形是指形式美，作品的外形轮廓，也就是形状样式。从形而言，有取材于自然，包括动物和植物；有借形改装，如包、帽、秤砣等实物之形改装成壶的；有几何形体如正方形、长方形、锥形等；还有抽象启示，如天上云纹的变幻、奇石山川的花纹等。如何评价这些造型，往往与个人的爱好有关。神是指紫砂茶具的神韵，能令人意远，体验出精神美的韵味。气，气质，指紫砂茶具所含的和谐协调，内在本质的美。态，形态，作品的高、低、肥、瘦、刚、柔、方、圆的各种姿态。

这几个方面贯通一气，才是一件真正完美的作品。此外，紫砂制品上的款识和铭刻以及雕塑字画从文化的角度体现出紫砂壶的艺术价值。

八、紫砂壶开壶法

开壶是一把新紫砂壶开始启用的方式。由于工艺特征，新出窑的紫砂壶有时会残留一部分土味，有时还会残留少量砂粒。这些因素，都会影响我们泡出一杯美味的茶汤。开壶处理，主要是去除土味和砂粒，起到清洁紫砂壶、疏通气孔的目的。一把优质的紫砂壶，只要泥料纯正且烧结温度够高，壶身中的土味几乎微乎其微，这时参照以下方法开壶即可。

（1）先综合考量今后用这把紫砂壶泡什么茶类。

（2）用温水和软布仔细清理紫砂壶的壶内、壶外、壶盖，再用热水内外冲淋。

（3）用茶叶进行冲泡，放置久闷，而后取出洗净。

课堂任务4　玻璃及其他茶具

一、玻璃茶具

玻璃质地透明，光泽夺目，外形可塑性大，质地通透，密度高，泡茶不会串味，方便欣赏茶叶在杯中之美姿。按玻璃茶具的加工可分为普通浇铸玻璃茶具和刻花玻璃（水晶玻璃）；玻璃茶具的品种有直筒玻璃杯、玻璃煮水器、公道杯、茶壶、闻香杯、品茗杯、盖碗、同心杯等。缺点是质地坚脆，易裂易碎，比陶瓷茶具烫手。不过现代科学技术已能将普通玻璃经过热处理，改变玻璃分子的排列，制成有弹性、耐冲击、热稳定性好的钢化玻璃，使茶具性能大为改善。

二、竹木茶具

竹木茶具多采取车、雕、琢、削等工艺加工制成，因其取材容易、做工简易、轻便实用，制品多受寻常百姓喜爱。竹木茶具的品种有茶盘、盛器和泡茶辅助用具。到了清代，在四川出现了竹编茶具，由内胎和外套组成，内胎多为陶瓷类饮茶器具，外套用竹子制成粗细如发的柔软竹丝，经烤色、染色，再按茶具内胎形状、大小编织嵌合，使之成为整体如一的茶具。

三、金属茶具

1. 金银茶具

金银茶具为用金、银制成的饮茶用具。以银为质地的称银茶具，以金为质地的称金茶具，银质而外饰金箔或镏金称镏金茶具。金银延展性好，耐腐蚀，又有美丽色彩和光泽，制作极为精致，价值很高，多为富贵之家使用或作供奉之品。银质茶具可以去除水中的杂质异味，使水质变柔软，茶汤清扬，美中不足的是价格较高。

2. 锡茶具

锡茶具为用锡制成的饮茶用具。采用高纯精锡，经熔化、下料、绘图、刻字雕花、打磨等多道工序制成。精锡刚中带柔，密封性能好，延展性能强，所制茶具多为储茶用的茶叶罐。锡壶盛茶水有异味，后人很少使用。

3. 铜茶具

铜茶具为铜制饮茶用具。以白铜为上，少锈味，器型以壶为主。铜壶易生锈，损茶味，应用范围较小，长嘴壶茶艺使用的就是铜壶。

4. 景泰蓝茶具

景泰蓝茶具也称铜胎掐丝珐琅茶具，是北京著名的特种工艺。用铜胎制成，少有金银制品。通过掐丝、点蓝、烧蓝、磨光、镀金等多种工序制作而成，因以蓝色珐琅烧著名，且流行于明代景泰年间，故名。景泰蓝茶具制作精细，花纹繁缛，内壁光洁，蓝光闪烁，气派华贵。茶具品种有盖碗、盏托等。

5.不锈钢茶具

不锈钢茶具为用不锈钢制成的饮茶用具。其材料是含铬量不低于12%的合金钢，能抵抗大气中酸、碱、盐的腐蚀。不锈钢茶具传热快，不透气，多作旅游用品。茶具品种有保温水壶、双层保温杯等。

企业实践任务　泡茶器具的选配

一、实践目的

根据冲泡茶叶的不同，选配适合的泡茶器具。

二、实践准备

（1）实践分组：以3人一组为佳。

（2）茶具准备：玻璃杯、紫砂壶、瓷盖碗、瓷壶。

（3）茶叶准备：细嫩红绿茶、中高档红绿茶、低档红绿茶、黄茶、白茶、黑茶、乌龙茶、工夫红茶、红碎茶、高档花茶、普通低档花茶。不同地区可结合当地茶品特色进行准备。

三、实践流程

（一）根据茶具形式进行选配

（1）细嫩名优绿茶：宜用无色透明玻璃杯，可以欣赏茶叶在水中缓慢吸水而舒展、徐徐浮沉游动的姿态，领略茶之舞。

（2）名优绿茶：可选用盖碗，茶杯宜大不宜小，小则水量少，热量大，会将茶叶泡熟，使茶叶色泽失去翠绿，也会使茶香减弱，甚至产生"熟汤味"。

（3）高档花茶：可选用玻璃杯，可以显示品质特色，还可用盖碗，防止香气散失。

（4）普通低档花茶：使用瓷壶可以得到较理想的茶汤，保持香味。

（5）中高档红绿茶：如工夫红茶、眉茶、烘青和珠茶等，应以闻香品味为首要，而观形略次，可用瓷盖碗直接冲饮。

（6）低档红绿茶：用壶沏泡，水量较多而集中，有利于保温，能充分浸出茶叶内含物，可得较理想之茶汤，并保持香味。

（7）工夫红茶：宜用盖碗、瓷壶或紫砂壶冲泡，然后将茶汤倒入白瓷杯饮用。

（8）红碎茶：宜用盖碗、茶壶冲泡。因为红碎茶体形小，用茶杯泡时茶叶悬浮于茶汤中不方便饮用。还可将红碎茶做成茶包，饮用起来更为方便。

（9）乌龙茶选用紫砂壶或盖碗冲泡。

2. 根据茶具色泽进行选配

茶具的色泽分为冷色调和暖色调两类。冷色调包括蓝、绿、青、白、灰、黑等色。暖色调包括黄、橙、红、棕等色。

（1）名优绿茶：宜用透明无花、无色、无盖玻璃杯或白瓷、青瓷、青花瓷无盖杯。

（2）大宗绿茶：单人用具在夏秋季可用无盖、有花纹或冷色调的玻璃杯；春冬季可用青瓷、青花瓷等各种冷色调瓷盖杯；多人用具宜用青瓷、青花瓷、白瓷等各种冷色调壶杯具。

（3）黄茶类：宜用奶白瓷、黄釉颜色瓷和以黄、橙为主色的彩瓷壶杯具、盖碗和盖杯。

（4）黑茶类：宜搭配白瓷盖碗、杯具，紫泥类的紫砂壶等。如普洱生茶可用白瓷盖碗及瓷壶杯具，普洱熟茶或陈年普洱可用紫砂壶及陶壶杯具。

（5）白茶类：宜用白瓷或黄泥炻器壶杯，或用反差极大且内壁有色的黑瓷，以衬托出白毫。

（6）轻发酵及轻焙火青茶类：宜用白瓷盖碗、盖杯。

（7）半发酵及重焙火青茶类：宜用紫砂壶杯具。

（8）条红茶：宜用杯内壁上白釉的紫砂、白瓷、白底红花瓷、各种红釉瓷的壶杯具、盖杯、盖碗。

（9）红碎茶：宜用杯内壁上白釉的紫砂以白、黄底色描橙、红花和各种暖色瓷的咖啡壶具。

（10）花茶类：宜用青瓷、青花瓷、斗彩、五彩等品种的盖碗、盖杯、壶杯套具。

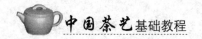
3.根据茶具质地进行选配

冲泡各种名优茶、绿茶、花茶、红茶及清香乌龙：用高密度瓷或银器，泡茶时茶香不易被吸收，显得特别清洌。透明玻璃杯用于冲泡名优绿茶，香气清扬又便于观形、色。

铁观音、普洱：常用低密度的陶器冲泡，主要是紫砂壶，因其气孔率高，吸水量大，故茶泡好后，持壶盖即可闻其香气。在冲泡乌龙茶时，同时使用闻香杯和品茗杯后，闻香杯中残余茶香不易被吸收，可以用手捂之，其杯底香味在手温作用下很快发散出来，达到闻香的目的。

四、注意事项

（1）选择茶具，一要看茶叶，二要看场合，三要看人数。优质茶具冲泡上等名茶，二者相得益彰，使品茶者在品茗中得到美好享受。

（2）茶器色泽的选择原则是要与茶叶相配。茶具内壁以白色为好，能真实反映茶汤色泽与明亮度，并应注意主茶具中壶和杯的色彩搭配，再辅以承、托、盖置，力求浑然一体。一般以主茶具的色泽为基准，配以辅助用品。

（3）茶具质地主要是指密度而言。根据不同茶叶的特点，选择不同质地的器具，才能相得益彰。器具质地还与是否施釉有关。原本质地较为松散的陶器，若在内壁施了白釉，就等于穿了一件保护衣，成为类似密度高的瓷器茶具，同样可用于冲泡清香的茶类。这种施釉陶器的吸水率也变小了，气孔内不会残留茶汤和香气，清洗后可用来冲泡多种茶类，性状与瓷质、银质的相同。未施釉的陶器，气孔内吸附了茶汤与香气，日久冲泡同一种茶会使香气越来越浓郁。

（4）选配茶具，除了茶具的使用性能外，茶具的艺术性、与环境的协调性、制作的精细与否、个人喜好也是茶具选配的重要标准。

茶文欣赏

秘色越器

唐·陆龟蒙

九秋风露越窑开，夺得千峰翠色来。

好向中宵盛沆瀣，共嵇中散斗遗杯。

任务 6

泡茶器具与泡茶手法

素质目标

1. 培养学生规范自我行为的意识和习惯。

2. 培养学生具备茶艺师职业素养。

3. 培养学生的科学探索精神和态度。

知识目标

1. 了解茶艺器具的名称及用途。

2. 了解茶具的摆放。

3. 熟悉泡茶基本手法与原则。

能力目标

1. 能根据茶叶选用冲泡器具。

2. 能根据茶艺馆需要布置茶艺工作台。

3. 能规范使用不同的茶艺器具。

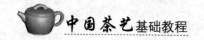

课堂任务 1　茶艺器具名称及用途

冲泡的茶叶不同，茶具配备也不相同。根据泡茶、饮茶的功能划分，泡茶器具主要有以下八类：

一、泡茶器具：用以泡茶的主要器具

泡茶器具包括盖碗、茶壶、茶碗、茶盏、玻璃杯、盖杯、马克杯、同心壶、飘逸杯等。

（一）盖碗

盖碗也称三才杯，杯盖为天，杯身为人，杯托为地，如图 6-1 所示，作为主泡具也可单用。盖碗是中国自明清以后最经典的茶具之一，上自皇宫官宦，下至平民百姓，多用此茶具接待客人，盖碗大小不一，图案丰富，各种材质均有。小盖碗一般用来代替茶壶泡茶（泡工夫茶），大盖碗用于冲泡花茶或绿茶。

图 6-1　盖碗

1.盖碗的分类
从材质分：主要以玻璃、瓷居多，如图 6-2 所示。

100 毫升　　　　　　　　　　　100 毫升

图 6-2　不同材质盖碗

从器型分：主要有倒钟型、盏型、直筒型，如图 6-3 所示。

100 毫升　　　　　　120 毫升　　　　　　150 毫升

图 6-3　不同器型、容量盖碗

从碗口分：主要有撇口型、直筒型，如图 6-4、图 6-5 所示。

150 毫升　　　　　　　　　　　150 毫升

图 6-4　撇口型盖碗　　　　　　　图 6-5　直口型盖碗

从底足分：分为有底足、无底足。

从有无底托分：分为有底托、无底托。

从容量分：主要有 35 毫升、50 毫升、80 毫升、100 毫升、120 毫升、150 毫升、200 毫升等容量，如图 6-3 所示。

2. 盖碗选择要点

（1）根据性别不同，女性适用 150 毫升及以下容量盖碗，男性适用 200 毫升容量左右的盖碗。

（2）根据冲泡茶类不同，所有茶类都可以用瓷质盖碗冲泡，绿茶、花茶适合用玻璃盖碗冲泡。

（3）根据品饮人数的多少，50 毫升及以下容量盖碗一般不用来泡茶，适宜做燕窝盅（甜品盅）、品茗杯使用。1~5 人适用 100~150 毫升盖碗，5 人及以上适用 200 毫升盖碗。

（二）茶壶

茶壶是用来泡茶的器具，多以陶瓷制成，也有玻璃质地的茶壶。泡茶选用壶的大小要看饮茶人数而定，泡工夫茶多用小壶。也可直接用茶壶来泡茶，独自酌饮。还可用茶壶当公道杯，与泡茶的茶壶配合使用。

茶壶由壶盖、壶身、壶底和圈足四部分组成，如图 6-6 所示。壶盖有孔、钮、座、沿等细部。壶身有口、肩、嘴、流、腹、肩、把等细部。由于壶的把、盖、底的细微部分不同，壶的基本形态就有近 200 种。

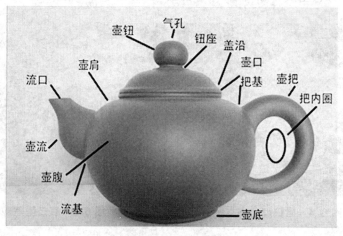

图 6-6　茶壶组成

1. 以壶把划分

侧提壶：壶把为耳状，在壶嘴的对面，如图6-7所示。

提梁壶：壶把在盖上方为虹状者。

飞天壶：壶把在壶身一侧上方为彩带习舞状。

无把壶：壶把省略，手持壶身头部倒茶。

握把壶：壶把圆直形与壶身呈90度，如图6-8所示。

图6-7　侧提壶　　　　　　　　　　图6-8　握把壶

2. 以壶盖划分

压盖：盖平压在壶口之上，壶口不外露，如图6-9所示。

嵌盖：盖嵌在壶内，盖沿与壶口平，如图6-10所示。

截盖：盖与壶浑然一体，只显截缝，如图6-11所示。

图6-9　压盖壶　　　　　　　　　　图6-10　嵌盖壶

图 6-11 截盖壶

3. 以壶底划分

捺底：将壶底捺成内凹状，不另加足。

钉足：在壶底上加上三颗外突的足，如图 6-12 所示。

加底：在壶底四周加一圈足，如图 6-13 所示。

图 6-12 钉足壶

图 6-13 加底壶

4. 以有无滤胆划分

普通壶：上述的各种茶壶，无滤胆。

滤壶：在上述的各种茶壶中，壶内安放一只直桶形的滤胆或滤网，如图 6-14 所示。

图 6-14　滤壶

5. 茶壶选配要点

（1）根据性别不同，女性适合使用 200 毫升及以下容量茶壶。

（2）根据冲泡茶类，所有茶类都适用瓷质茶壶，紫砂壶适合一壶一茶（半发酵茶、全发酵茶、后发酵茶）。

（3）绿茶、白茶、黄茶适用壶壁较薄、矮身、口盖较宽的壶，如石瓢壶；泥料上，绿茶适用段泥，黄茶适用紫泥，白茶适用朱泥、红泥、紫泥。

（4）黑茶适用密闭性强、保温性较好的肚大、口小、壶深（利于茶叶的舒展）的壶型，如石瓢、秦权、汉瓦等壶型；泥料可用紫泥、底槽清等。

（5）乌龙茶适合小壶（110 毫升，一壶三杯），如水平、掇只、龙蛋等壶型；泥料可用朱泥、红泥。

（6）红茶适用肚大、壶深的壶型，如水平、西施、容天、德钟等；泥料可用紫泥、朱泥。

（7）根据品饮人数多少，1~5 人适用 200 毫升及以下容量的茶壶，5 人以上适用 200 毫升及以上容量的茶壶。

（三）茶碗、茶盏

茶碗、茶盏为泡茶器具，或盛放茶汤作饮用器具。

1. 从器型分

圆底茶碗：碗底呈圆形。

尖底茶碗：碗底呈圆锥形，常称为茶盏，如图 6-15 所示。

750 毫升　　　　　　　　　　　　150 毫升

图 6-15　茶碗

2. 从材质分

常见的有玻璃碗、瓷碗、陶碗等。夏天适合选择玻璃材质的茶碗，便于散热和欣赏茶叶、茶汤之美；冬天选择陶瓷材质的茶碗，相对玻璃材质较保温。

（四）玻璃杯

玻璃杯为泡饮合用器具，如图 6-16 所示。

280 毫升　350 毫升　250 毫升　180 毫升　　　150 毫升　200 毫升　　100 毫升　100 毫升

图 6-16　玻璃杯

从样式分，有口杯、办公杯（带手柄）、高脚玻璃杯（香槟杯、白兰地杯、利口酒杯、鸡尾酒杯、红葡萄酒杯、白葡萄酒杯等）。

从材质分，有普通玻璃杯和水晶玻璃杯。

从结构分，有双层玻璃杯和单层玻璃杯。

从容量分，以 100 毫升、150 毫升、180 毫升、200 毫升、250 毫升、280 毫升、350 毫升居多。目前市场常见的玻璃杯品牌有富光、青苹果、乐美雅、利比、希诺等。

根据冲泡茶类不同，玻璃杯适用各种名优绿茶、白毫银针、黄芽茶等有观赏价值的茶叶。

根据饮用方式不同，口杯和办公杯（带手柄）适用于清饮法；高脚玻璃杯类适用于调饮法。

（五）马克杯、盖杯

马克杯、盖杯为泡饮合用器具。多为长筒形，有把或无把，有盖或无盖。马克杯适用于调饮法，如牛奶红茶。盖杯适用于办公、会议等场合。如图 6-17 所示。

（六）飘逸杯

飘逸杯杯盖连接一滤网，中轴可以上下提压如活塞状，既可使冲泡的茶汤均匀，又可使茶渣与茶汤分开，适用于办公场所等，如图 6-18 所示。

图 6-17　马克杯、盖杯

图 6-18　飘逸杯

二、盛茶器具：装茶汤以供品饮的器具

盛茶器具包括公道杯（也称茶盅、匀杯）、茶杯（也称品茗杯）、闻香杯等。

（一）公道杯

公道杯又称茶海，20世纪70年代最早出现在台湾地区。其一可用于均匀茶汤浓度；其二可将茶汤及时斟于公道杯中，避免茶叶久泡而苦涩。公道杯材质不同，形态各异，以与茶壶相配为佳。亦可于公道杯上放置一个滤网，滤去茶渣、茶末。

1.公道杯的分类

壶式盅：以茶壶代替。

圈顶式盅：将壶口部分或全部向外延伸拉出翻边，以作把手，有盖或无盖，如图6-19所示。

杯式盅：杯形，有把或无把，从盅身拉出一个简单的倒水口，如图6-20、图6-21、图6-22所示。

图6-19　圈顶式盅

图6-20　青花有把杯式盅

图6-21　青瓷、玻璃杯式盅

图6-22　柴烧无把杯式盅

2.公道杯选配要点

（1）根据冲泡茶类不同，如红茶、普洱茶可用玻璃公道杯，绿茶可用青瓷公道杯，更益汤色。

（2）选择公道杯要与冲泡器具的容量相匹配，如150毫升的冲泡器具建议搭配220毫升左右的公道杯。

（3）要与整体的茶席布置相协调。

（4）要适合泡茶者的使用习惯，有左手杯、右手杯之分。

（二）茶杯和闻香杯

茶杯的种类、大小应有尽有。品饮不同的茶适用不同的茶杯。闻香杯用来闻茶汤的香气，品茗杯用来品茶汤的滋味，如图6-23所示。为便于欣赏茶汤颜色及容易清洗，杯子内面最好上白色或浅色釉。对杯子器型要求做到拿握舒适，就口伏贴，入口顺畅。

图6-23　闻香杯和品茗杯

1.品茗杯的分类

（1）按材质分为陶、瓷、玻璃等。

（2）按器型有翻口杯、敞口杯、直口杯、收口杯、把杯、盖杯等。

翻口杯：杯口向外翻出似喇叭状，如图6-24所示。

敞口杯：杯口大于杯底，也称盏形杯，如图6-25所示。

直口杯：杯口与杯底同大，也称桶形杯，如图6-26所示。

收口杯：杯口小于杯底，也称鼓形杯，如图6-27所示。

把杯：附加把手的茶杯。

盖杯：附加盖子的茶杯，有把或无把。

图 6-24　翻口杯

图 6-25　敞口杯

图 6-26　直口杯

图 6-27　收口杯

2. 闻香杯、品茗杯选配要点

（1）以香气品赏为主的茶叶适用闻香杯，比如安溪铁观音、漳平水仙等。绿茶适用青瓷品茗杯；白茶适用黑瓷或白瓷品茗杯；普洱茶适用粗陶、柴烧品茗杯；红茶适用白瓷、玻璃品茗杯。

（2）夏季适合使用敞口、薄壁的品茗杯，冬季适合使用收口、厚壁的品茗杯。

（3）玻璃类、内壁白瓷类品茗杯适合观赏汤色。

（4）品茗杯的数量要与冲泡器具的容量、品茗人数匹配。

三、辅助器具

辅助器具包括桌布（铺垫）、茶席巾、茶盘、茶巾、茶巾盘、奉茶盘、茶点盘、茶荷、壶承（茶盘、茶船）、壶垫、杯托、盖置、茶道组（包括茶匙、茶针、茶漏、茶夹、茶则、茶筒）、渣匙、茶滤（滤网）、滤网架、计时器、茶拂、盖叉、杯叉、茶点叉、餐巾纸、消毒柜等。

（一）铺垫、茶席巾

茶席整体或局部物体摆放下的各种铺垫、衬托、装饰物的统称，常用棉、麻、化纤、竹、草秆织编而成，如图 6-28 所示。

（二）茶盘

茶盘是放置茶具的垫底茶具，用以泡茶的底座。按材质分，有根雕茶盘、木制茶盘、竹茶盘、石制茶盘、翡翠茶盘、瓷茶盘、紫砂茶盘等，如图 6-29 所示。按形状分，有规则形、自然形等多种形状。

图 6-28　铺垫、茶席巾

图 6-29　茶盘

（三）茶巾

茶巾是用以擦拭茶具的棉织物，可用来擦拭泡茶、分茶时不小心溅出的水滴；或用来吸干壶底、杯底之残水；或在注水、续水时托垫壶流底部；还可用来擦拭清洁桌面，如图 6-30 所示。每张茶台最好配置两块茶巾，一块用来清洁茶具，另一块用来清洁茶台。

（四）茶巾盘

茶巾盘是放置茶巾的用具，竹、木、金属均可，如图 6-31 所示。

图 6-30　茶巾

图 6-31　茶巾盘

（五）奉茶盘、茶点盘

奉茶盘、茶点盘是用以盛放茶杯、茶碗、茶食或其他茶具的盘子，向客人奉茶和茶食时也常使用，材质有竹、木、塑料、金属等，如图 6-32 所示。

（六）茶荷

茶荷用来观赏干茶和放置待泡干茶，如图 6-33 所示。

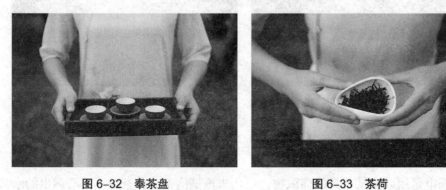

图 6-32　奉茶盘

图 6-33　茶荷

（七）壶承

壶承是承放茶壶等的垫底器具，有竹木、陶瓷及金属制品，既可增加美观，又可防止茶壶烫伤桌面，如图 6-34、图 6-35 所示。

图6-34　双层状、环状壶承

图6-35　盘状、碗状壶承

双层状：壶承制成双层，上层有许多排水小孔，使冲泡溢出之水流入下层的储水器。

环状：壶承制成圆环状，中间空心。

盘状：船沿矮小，整体如盘状，侧平视茶壶形态完全展现出来。

碗状：船沿高耸，侧平视只见茶壶上半部。

（八）壶垫

壶垫隔开壶承和茶壶，防止碰撞损伤，有软木、藤编、椰棕、丝瓜络、毛毡等材质，如图6-36所示。

图6-36　毛毡、丝瓜络壶垫

（九）杯托

杯托是茶杯的垫底器具，如图6-37所示。

图6-37　杯托

（十）盖置

盖置是放置壶盖、杯盖的器物，既可保持盖子清洁，又可避免茶水沾湿桌面，多为紫砂、瓷器、玻璃、竹木等制成，如图6-38所示。

图6-38　盖置

托垫式盖置：形似盘式杯托。

支撑式盖置：圆柱状物，从盖子中心点支撑住盖。

（十一）茶则

茶则用来从茶叶罐中量取干茶。

（十二）茶匙

茶匙又称茶导，常与茶荷搭配使用，用来拨取干茶。

（十三）茶夹

茶夹用来夹取闻香杯和品茗杯，或将茶渣从茶壶中夹出。

（十四）茶漏

茶漏用来扩大壶口，使茶叶从中漏进壶里，防止茶叶撒到壶外。

（十五）茶针

茶针用来疏通壶嘴，防止堵塞。

（十六）容则（箸匙筒）

容则是摆放茶艺用品组的容器。以上6件又称为茶道组、茶道六君子，如图6-39所示。

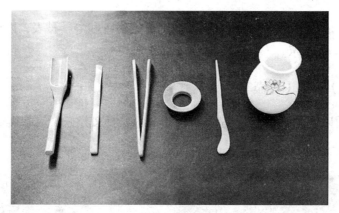

图6-39　茶道组（从左至右茶则、茶匙、茶夹、茶漏、茶针、容则）

（十七）渣匙

渣匙为从泡茶器具中取出茶渣的用具，常与茶针相连，其一端为茶针，另一端为渣匙，多用竹、木制成，如图6-40所示。

（十八）滤网、滤网架

滤网用来过滤茶汤碎末用。滤网架用来承放滤网，保持桌面清洁，如图6-41所示。

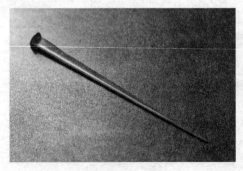
图 6-40　渣匙

图 6-41　滤网、滤网架

（十九）计时器

计时器是用来计算泡茶时间的工具，有定时钟和电子秒表，以可计秒的为佳，如图 6-42 所示。

（二十）茶拂（养壶笔）

茶拂用以刷除茶荷上所沾茶末之具，还可用来养壶，使茶壶表面茶汁均匀，如图 6-42 所示。

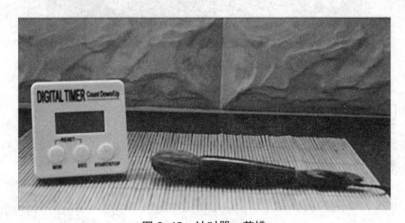
图 6-42　计时器、茶拂

（二十一）盖叉

盖叉用来叉取煮水壶壶盖，如图 6-43 所示。

（二十二）杯叉

杯叉用来叉取品茗杯，如图6-44所示。

图6-43　盖叉

图6-44　杯叉

（二十三）茶点叉

茶点叉为取茶食用具，用金属、竹、木制成，如图6-45所示。

图6-45　茶点叉

（二十四）餐巾纸

餐巾纸做垫取茶食、擦手、擦拭杯沿用。

（二十五）消毒柜

消毒柜用以烘干茶具，有效消毒灭菌。

四、储水器具

储水器具包括煮水器（包括烧水壶和热源）、保温瓶、水方、水盂、茶渣桶、净水器、贮水缸等。

（一）煮水器

煮水器由烧水壶和热源两部分组成，热源可用电炉、酒精炉、炭炉等，现常见为电煮水器，如图 6–46 所示。

图 6–46　煮水器

（二）保温瓶

保温瓶用以贮放开水。如去野外郊游或举行茶会时，需配备保温瓶，以不锈钢双层胆者保温效果较好。如图 6–47 所示。

（三）水方

唐陆羽《茶经·四之器》所说的水方是木制的方形盛水器。现代多用于盛放净水，材质多用陶瓷等。如图 6–48 所示。

（四）水盂、茶渣桶

水盂、茶渣桶为盛放弃水、茶渣等物的器皿。如图 6–49 所示。

图 6-47　保温瓶　　　　　图 6-48　水方　　　　图 6-49　水盂、茶渣桶

（五）净水器

净水器安装在取水管口，应按泡茶用水量和水质要求选择相应的净水器，可配备一只至数只。

（六）贮水缸

利用天然水源或无净水设备时，用贮水缸贮放泡茶用水，起澄清和挥发氯气作用，应注意保持清洁。如图 6-50 所示。

图 6-50　贮水缸

五、储茶器具

茶叶罐是储存茶叶的罐子，必须无异杂味，能密封，且不透光。材料有马口铁、不锈钢、锡合金及陶瓷等。如图 6-51 所示。茶席上使用的多为小型茶叶罐（茶仓）。

图 6-51　茶叶罐

六、盛运器

（一）提篮

竹编、藤编、木制的有盖或无盖提篮，用来放置泡茶用具及茶叶罐等，可携带外出泡茶，如图 6-52 所示。

图 6-52　提篮

（二）包壶巾

包壶巾是用以保护壶、盅、杯等的包装布，以厚实而柔软的织物制成，四角缝有雌雄搭扣，如图6-53所示。

图6-53　包壶巾

（三）杯套

杯套用柔软的织物制成，套于杯外，如图6-54所示。

图6-54　杯套

七、泡茶席

（一）茶车

茶车是可以移动的泡茶桌子，不泡茶时可将两侧台面放下，搁架相对关闭，桌身即成茶柜，柜内分格，放置必备泡茶器具及用品。

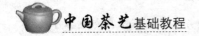
（二）茶桌

茶桌是用于泡茶的桌子。

（三）茶凳

茶凳是泡茶时的坐凳，高低应与茶车或茶桌相配。

八、茶室用品

茶室用品包括屏风、茶挂、花器、香炉等营造氛围的器具。

（一）屏风

屏风起遮挡非泡茶区域或作装饰用。

（二）茶挂

茶挂是挂在墙上营造气氛的书画艺术作品。

（三）花器

花器是插花用的瓶、篓、篮、盆等物，如图 6-55 所示。

图 6-55　花器

课堂任务 2 茶具的摆放

20 世纪 90 年代初期，泡茶多使用排水茶桌、茶盘或下面带接水抽屉的双层茶盘，这种泡茶方式也叫湿泡法。随着茶艺的发展，出现了干泡法，干泡法将废弃茶水、茶渣倾倒在水盂中，这样既能保持桌面整洁，还可以根据个人喜好更换不同的铺垫，增加了泡茶的乐趣与美感，干泡法对茶艺师的技艺及用心程度有更高要求。

茶具在茶席上的摆放要求布局合理，实用、简约、洁净、优美，注重层次感，有线条的变化，同时顾及环境、季节以及服务对象的需要。

摆放茶具的过程要有序，主次分明，突出主要泡茶器具的地位，左右要平衡，尽量不要有遮挡。如果有遮挡，则要按由低到高的顺序摆放，将低矮的茶具放在客人视线的最前方。

总的原则一是要符合茶艺师礼仪；二要方便茶艺师操作；三要做到协调、美观、大方。布置时可以选择干湿分开方式，如图 6-56 所示。也可以选择左右平衡方式，如图 6-57 所示。以持泡茶器的手来分有左手席和右手席，右手持泡茶器为右手席；左手持泡茶器为左手席。煮水器的摆放依照冲泡者左右手习惯进行放置。

图 6-56 茶具的摆放（干湿分开）　　图 6-57 茶具的摆放（左右平衡）

注意事项：

（1）茶具的准备可根据实际情况进行调整。如茶艺组中需用到的组件放在茶席上，不需要用到的可以不摆放。如果要全部使用，茶漏放在茶针上，因为使用得不多，漏口对着客人，有招财进宝的吉祥寓意；茶夹和茶匙用得多的器具面向自己，方便拿取。

（2）泡茶器可以选用茶壶、盖碗、茶碗、茶盏、玻璃杯等，选择茶碗、茶盏、玻璃杯等无盖器皿时可以省略盖置。用玻璃杯冲泡时，可以省略壶垫、壶承、公道杯、品茗杯等器具。如果不需要离席奉茶，可以省略奉茶盘。直接分茶入杯可以省略公道杯。

（3）主泡器摆放在胸口正前方，比如茶壶、盖碗。

（4）如果有滤网，滤网和公道杯尽量放在同一侧，方便拿取。

（5）茶具如果有图案，将图案面向宾客，便于欣赏。

（6）煮水器离泡茶区保持适当的距离，壶口朝向离宾客最远处，避免被壶口水蒸气烫伤，如用电磁炉或电陶炉进行煮水时，用手动挡烧水；注意加水时壶盖不能发出响声。

企业实践任务　泡茶基本手法

泡茶时的基本手法要遵循的共同要领是：柔和优美，不要死板僵硬；简洁明快，不要有多余的动作；圆融流畅，不要直来直往；连绵自然，不要时断时续；寓意雅正，不要故弄玄虚。

一、取用器物手法

（一）捧取法

以女性坐姿为例。搭于前方桌沿的双手慢慢向两侧至肩宽，向前合抱欲取的物件（如茶叶罐），双手掌心相对捧住基部移至需安放的位置，轻轻放下后双手收回；物品复位同样操作，如图6-58所示。多用于捧取茶叶罐、箸匙筒、花瓶、香炉等立式物件。

图 6-58　捧取法

（二）端取法

双手伸出及收回动作同前法，端物件时双手手心向上，掌心向下凹作"荷叶"状，平稳移动物品，如图 6-59 所示。多用于端取奉茶盘、赏茶盘、扁形茶荷、茶点盘、杯托等。

图 6-59　端取法

二、持壶法

只要容易掌控壶的重量、操作自如、手势优美即可，原则上 200 毫升以上的大型壶双手操作，200 毫升以内的小型壶单手操作。

（一）侧提壶

1. 双手持壶法

持壶方法一：右手大拇指、中指捏住壶把，无名指与小拇指并列抵住中指，食指压住盖钮，左手手背轻托壶底。持壶方法二：右手握壶把，左手食指、中指按住盖钮或盖，双手同时用力提壶。如图 6-60 所示。

图 6-60　双手持壶法

2. 单手持壶法

持壶方法一：右手食指、中指钩住壶把，以大拇指按住壶盖提壶，如图 6-61 所示。持壶方法二：右手大拇指、中指捏住壶把，无名指与小拇指并列抵住中指，食指前伸略呈弓形按住盖钮或盖提壶，如图 6-62 所示。

图 6-61　单手持壶法一

图 6-62　单手持壶法二

（二）横把壶

持壶方法一：右手大拇指压住盖钮或盖，其余四指握把提壶，如图 6-63 所示。

持壶方法二：右手食指压住盖钮或盖，其余四指握把提壶，如图 6-64 所示。

图 6-63　横把壶持壶法一　　　　　　图 6-64　横把壶持壶法二

（三）飞天壶

持壶方法：右手大拇指压住盖钮，其余四指握把提壶。

（四）提梁壶

单手持壶法：食指放在提梁的上方，其余四指握住提梁，用食指的指力轻轻下压提梁注水。双手持壶法：右手握提梁方式同单手持壶法，左手食指、中指按住壶盖或盖钮，如图 6-65 所示。

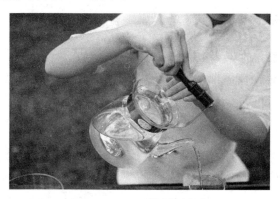

图 6-65　双手持提梁壶法

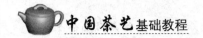
三、持盖碗法

盖碗使用的方式有直饮法和分饮法两种，直饮法是用盖碗泡茶后直接端碗品饮；分饮法是用盖碗泡茶后，将茶汤分到公道杯或品茗杯中分饮。拿取盖碗的常用手法有三指侧握式（盖碗为撇口）和抓碗握底式（盖碗有底足）两种。

三指侧握式：盖子调整好合适的开口，食指放在盖钮上，拇指和中指握住碗沿两侧，无名指和小指弯曲并在中指边上，不与盖碗接触，把盖碗垂直即可出汤。如图 6-66 所示。

抓碗握底式：盖子调整好合适的开口，拇指按住盖钮，其他手指贴住盖碗底部的圈足，一只手掌抓住盖碗，盖钮方向朝向自己，碗底背向自己，盖碗垂直即可出汤。在广东潮汕部分地区，较多人使用此种握法。茶艺演示中，男性较多使用此种握法，显豪迈大气。这种握法对盖碗要求较高，圈足要有一定高度。如图 6-67 所示。

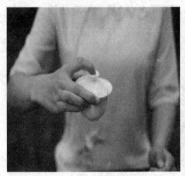

图 6-66　三指侧握式持盖碗法　　　　　图 6-67　抓碗握底式持盖碗法

四、持盅法

公道杯一般有三种形式，以持杯式盅为例。单手持盅法：单手持把，用大拇指、食指、中指捏住盅把，如图 6-68 所示。无柄的杯式盅，以单手虎口分开握盅，如图 6-69 所示。

图 6-68 有把公道杯持法　　　　　　　图 6-69 无把公道杯持法

五、持杯法

（一）品茗杯

三龙护鼎法：右手虎口分开，大拇指、食指握杯两侧，中指抵住杯底，无名指及小指自然弯曲；女士可以将无名指与小指微跷，左手指尖可托住杯底，如图 6-70 所示。

图 6-70 三龙护鼎

胜券在握法：右手虎口分开，大拇指与其余四指分握杯身两侧，不留指缝。如图 6-71 所示。

图 6-71　胜券在握

（二）闻香杯

　　方法一：单手虎口分开，用大拇指和其余四指扶杯身，置鼻前嗅闻茶香。
方法二：单手虎口分开，拳状握杯身置鼻前嗅闻茶香。方法三：双手掌心相对
虚拢成合十状，除拇指外的四指捧杯置鼻前嗅闻茶香。如图 6-72、图 6-73、
图 6-74 所示。

图 6-72　闻香杯持法一

图 6-73　闻香杯持法二

图 6-74　闻香杯持法三

六、茶巾折取法

（一）茶巾折法

1. 长方形（八层式）

用茶巾盘时，可以此法折叠茶巾呈长方形放茶巾盘内。将正方形的茶巾平铺桌面，将茶巾上下对应横折至中心线处，接着将左右两端竖折至中心线，最后将茶巾竖着对折即可。将折好的茶巾放在茶盘，折口朝内，如图6-75 所示。

图 6-75　长方形（八层式）茶巾折法

2. 正方形（九层式）

将正方形的茶巾平铺桌面，将下端向上平折至茶巾 2/3 处，接着将茶巾对折，然后将茶巾右端向左竖折至2/3 处，最后对折即成正方形，折口对内，如图 6-76 所示。

图 6-76　正方形（九层式）茶巾折法

（二）茶巾取法

掌心向下，双手平伸，手指斜搭在茶巾两侧，双手捞起茶巾向内翻转，掌心朝上，大拇指与其余四指夹住茶巾，平放入奉茶盘。当需要用左手托壶或碗杯时，则当掌心翻转向上时，松开左手。右手就势将茶巾顺放左手掌上，用左手大拇指夹住茶巾。

山泉煎茶有怀

唐·白居易

坐酌泠泠水，
看煎瑟瑟尘。
无由持一碗，
寄与爱茶人。

任务 7

绿茶冲泡基本技艺

1. 培养学生具备茶艺师职业素养。
2. 培养学生规范自我行为的意识和习惯。
3. 培养学生自我学习的习惯、爱好和能力。
4. 培养学生的团队协作意识。

知识目标

1. 掌握绿茶的分类、品种、名称、基本特征等基础知识。
2. 掌握不同绿茶投茶量和水量要求及注意事项。
3. 掌握不同绿茶冲泡水温、浸泡时间要求及注意事项。
4. 了解绿茶品饮基本知识。

能力目标

1. 能根据茶叶基本特征区分不同绿茶。
2. 能根据不同绿茶确定投茶量和水量比例。
3. 能根据不同绿茶选择适宜的水温泡茶，并确定浸泡时间。
4. 能使用玻璃杯冲泡绿茶。
5. 能介绍绿茶的品饮方法。

课堂任务 1　绿茶的分类

各类茶中，绿茶是我国生产历史最悠久、产区最辽阔、产量最庞大的一类。中国绿茶的发展大致经历了原始绿茶、晒青饼茶、蒸青饼茶、蒸青散茶、炒青散茶等历程，加工技术愈加完善。

1959 年评选出的全国"十大名茶"，有六款绿茶，分别是西湖龙井、洞庭碧螺春、黄山毛峰、庐山云雾、六安瓜片、信阳毛尖。

一、炒青绿茶

用锅炒方式进行干燥而制成的绿茶称为炒青绿茶。由于在干燥过程中受到的作用力不同，有长炒青、圆炒青、扁炒青和特种炒青之分。

（一）长炒青

长炒青形似眉毛，又称为眉茶，品质要求外形条索紧结，色泽润绿，香高持久，汤色黄亮，滋味浓郁，叶底嫩绿明亮。

婺源绿茶属条状眉形茶，现今婺源绿茶产品主要有三大类，一是以"婺源茗眉"为代表的名优茶，也就是芽茶；二是"婺绿"级内茶，俗称毛茶；三是精制眉茶。

1. 婺源茗眉

婺源茗眉分为一级（贡品）、二级（珍品）、三级（精品）、四级（特级）4 个级别。婺源茗眉品质特征：外形条索紧细、芽头肥壮，色泽嫩绿油润；汤色嫩绿清澈明亮；香气高浓持久；滋味鲜爽而回味甘醇；叶底嫩绿匀整明亮。

2. 婺绿

婺绿（特级）品质特征：外形条索紧结、重实，显锋苗，色泽绿润；汤色嫩绿清澈；香气嫩香鲜爽持久；滋味鲜醇甘爽；叶底嫩匀肥厚明亮。

婺绿级内茶分六级十二等。以一级茶为例，其品质特征：外形条索紧结、锋苗尚显，色泽翠绿油润；汤色黄绿明亮；香气清香；滋味鲜醇；叶底黄绿明亮。

3. 精制眉茶

精制眉茶有珍眉、雨茶、贡熙、秀眉 4 个品种共 21 个级别，其中珍眉分 8 个级别，雨茶分 3 个级别，贡熙分 6 个级别，秀眉分 4 个级别。

珍眉品质特征：外形条索紧细，色泽翠绿油润；汤色绿艳；香气嫩香；滋味鲜浓；叶底嫩绿明亮。

（二）圆炒青

圆炒青外形如颗粒，又称为珠茶，具有外形圆紧如珠、香高味浓、耐泡等特点。品质要求：颗粒圆紧，色泽墨绿油润，香醇味浓，汤色明绿，叶底匀嫩。

以安徽泾县涌溪火青为例，其品质特征：外形盘花成颗粒状，腰圆形，紧结有毫，墨绿油润；汤色嫩绿明亮；香气清高甘爽；滋味浓醇鲜爽；叶底嫩厚成朵，匀齐，嫩绿明亮。

（三）扁炒青

扁炒青又称为扁形茶，品质要求扁平光滑、香鲜味醇。

以西湖龙井为例。西湖龙井是历史名茶，位列中国十大名茶之首，2001年《杭州市西湖龙井茶基地保护条例》，对西湖龙井茶基地实行分级保护。分为一级保护区和二级保护区，西湖区西湖乡行政区域（东至南山村，西至灵隐、梅家坞，南至梵村村，北至新玉泉）内的龙井茶基地，为西湖龙井茶基地的一级保护区；其余龙井茶基地为西湖龙井茶基地的二级保护区。产品等级依据感官品质要求分为精品、特级、一级、二级、三级。特级龙井茶采摘标准为一芽一叶和一芽两叶初展的鲜嫩芽叶。采摘后经摊放、青锅、理条整形、回潮（二青叶筛分和摊晾）、辉锅、干茶筛分、归堆、收灰等工序加工而成。素以"色绿、香郁、味甘、形美"四绝著称。形似碗钉光扁平直，色翠略黄似糙米色；汤色碧绿清莹；香气幽雅清高；滋味甘鲜醇和；叶底细嫩呈朵。

（四）特种炒青

在制造过程中，虽以炒为主，但因采摘的原料细嫩，为了保持芽叶完整，最后当成品茶快干燥时，改为烘干而成。名茶有洞庭碧螺春、蒙顶甘露、南京雨花茶、信阳毛尖、金奖惠明等。

洞庭碧螺春是历史名茶，产于江苏苏州洞庭东西山一带的螺形炒青绿茶。产区是中国著名的茶果间作区，经杀青、揉捻、搓团显毫、烘干等工序加工而成。分为特级一等、特级二等、一级至三级共五个级别。外形条索纤细，卷曲成螺，满身披毫，银绿隐翠、鲜润，匀整洁净；汤色嫩绿鲜亮；香气嫩香清鲜；滋味清鲜甘醇；叶底幼嫩多芽，嫩绿鲜活。每采制 1 千克高级碧螺春，大约需要 12 万~14 万个芽叶。

二、烘青绿茶

用烘焙的方式进行干燥而制成的绿茶称为烘青绿茶。除了部分烘青名优绿茶直接供消费者品饮外，多数烘青绿茶作为窨制花茶的茶坯。烘青绿茶的香气就多数而言，不及炒青绿茶高。

烘青绿茶的名品有庐山云雾、黄山毛峰、顾渚紫笋、太平猴魁、六安瓜片等。

庐山云雾茶是历史名茶。现有环庐山产区、鄱阳湖产区和西海产区三大产区，覆盖了全市行政区域。具有"干茶绿润、汤色绿亮、香高味醇"的品质特征。分为特级、一级至三级共四个级别。特级条索紧细显锋苗，色泽绿润，匀齐洁净；汤色嫩绿明亮；香气清香持久；滋味鲜醇回甘；叶底细嫩匀整。

黄山毛峰是历史名茶。主产区在安徽省黄山市一带。具有"芽头肥壮、香高持久、滋味鲜爽回甘、耐冲泡"的品质特征。分为特级、一级至三级共四个级别。特级分一等至三等。特级一等外形芽头肥壮，匀齐，形似雀舌，毫显，嫩绿泛象牙色，有金黄片；汤色嫩绿、清澈鲜亮；香气嫩香馥郁持久；滋味鲜醇回甘；叶底嫩黄，匀亮鲜活。

顾渚紫笋主产于浙江省湖州市长兴县水口乡顾渚山一带。自唐朝广德年间便作为贡茶，是历史最久的贡茶。明末清初，紫笋茶逐渐消失，直至20世纪70年代，当地政府重新试产。顾渚紫笋因其鲜茶芽叶微紫，嫩叶背卷似笋壳而得名。成品色泽翠绿，银毫明显；汤色清澈明亮；兰香扑鼻；滋味甘醇鲜爽；叶底细嫩成朵。

太平猴魁是历史名茶，原产地域是安徽省黄山市黄山区现辖行政区域。具有"两叶一芽、扁平挺直、魁伟重实、色泽苍绿、兰香高爽、滋味甘醇"的品质特征。按品质分为极品、特级、一级至三级共五个级别。太平猴魁极品外形扁展挺直，魁伟壮实，两叶抱一芽，匀齐，毫多不显，苍绿匀润，部分主脉暗红；汤色嫩绿清澈明亮；香气鲜灵高爽，兰花香持久；滋味鲜爽醇厚，回味甘甜，独具"猴韵"；叶底嫩匀肥壮，成朵，黄绿鲜亮。有"头泡香高，二泡味浓，冲泡四次仍留香"之说。质量上乘的猴魁，开水冲泡时，杯中芽叶成朵，升浮沉降，叶翠汤清。

六安瓜片是历史名茶。又称片茶，主产地在安徽省六安市大别山一带。在所有茶叶中，六安瓜片是唯一一种无芽无梗、由单片生叶制成的茶品，分为精品、特一级、特二级、一级至三级共六个级别。精品外形呈单片，似瓜子形、背卷顺直、扁而平伏、匀齐、宝绿上霜、无漂叶；汤色嫩绿、清澈、明亮；香气花香高长；滋味鲜爽，醇厚回甘；叶底柔嫩、黄绿、鲜活匀齐。

三、蒸青绿茶

用高温蒸汽杀青而制成的绿茶称为蒸青绿茶，是我国古代茶叶制作的一种工艺。唐代时传至日本，相沿至今，如日本的玉露茶、玉绿茶、番茶等都是采用蒸汽杀青制作的。而我国自明代起，已改用锅炒杀青，很少采用蒸青的。由于对外贸易的需要，自20世纪80年代以来，也生产少量蒸青绿茶，以供出口。

与锅炒杀青相比，蒸汽杀青制成的绿茶有"三绿"风格：干茶色泽深绿，茶汤浅绿，叶底青绿。但香气较闷，涩味稍重。蒸青绿茶现存茶品很少，这里介绍恩施玉露。

恩施玉露是历史名茶，产于湖北恩施，主产地是恩施的五峰山。分为特级、一级、二级。特级外形形似松针，色泽翠绿；汤色清澈明亮；香气清香持久；滋味鲜爽回甘；叶底嫩匀明亮。

四、晒青绿茶

用日光进行干燥而制成的绿茶称为晒青绿茶。以云南大叶种的品质为最好，称为"滇青"；其他如川青、黔青、桂青、鄂青等品质各有千秋，但不及滇青。晒青绿茶是制作紧压茶的原料，如砖茶、沱茶等。

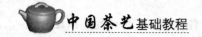

课堂任务 2　绿茶的冲泡要素

泡茶时置茶有三种不同方法，注满沸水后再放入茶叶，称为上投法；沸水注入约三分之一后放入茶叶，浸泡一定时间再注水至七成满，称为中投法；先放茶叶，后注入沸水，称为下投法。不同的茶叶，由于其外形、品质成分含量及溶出速度不同，可用不同的投茶方法。

一、投茶量

茶水比越小，水浸出物绝对量越大。冲泡绿茶时，茶水比过小，过多的水会稀释茶汤，茶味淡，香气薄；茶水比过大，用水量少，茶汤浓度高，滋味苦涩。通常情况下，绿茶冲泡的茶水比掌握在1:50~1:60为宜。

二、冲泡水温

控制水温是绿茶冲泡的关键，要根据所泡茶叶的具体情况和温度环境进行调整。一般而言，粗老、紧实、整叶的茶所需水温比细嫩、松散、切碎的茶水温高。名优绿茶在制作过程中，茶多酚的保存量较高，同时又希望尽可能保持茶汤和叶底的绿色，故常用80℃~85℃的开水冲泡。大宗绿茶由于茶叶加工原料较成熟，用90℃~95℃的水温冲泡较为适宜。对极细嫩的名优绿茶或是氨基酸含量特别高的茶，宜用70℃~75℃水温冲泡。冬季冲泡水温要比夏季水温提高。水温过高会使绿茶细嫩的芽叶被泡熟，还会使茶汤泛黄、叶底变暗；水温过低，茶叶容易浮在汤面，有效成分难以浸出。

三、浸泡时间

茶叶经水浸泡，内含物质随时间延长不断浸出，茶汤滋味随冲泡时间延长逐渐增浓，到达一个平衡点。冲泡时间短了，茶汤色淡味寡，香气不足；时间长了，茶汤太浓，汤色过深，茶香变得淡薄。用玻璃杯冲泡名优绿茶，1:50的投茶量，85℃水温，第一泡茶以冲泡3分钟左右饮用为好。若想再饮，杯中剩1/3茶汤时续开水。依此类推，可使茶汤浓度前后相对一致。

四、绿茶品饮

品饮绿茶以新茶为贵，如果是玻璃杯冲泡，可先透过玻璃杯，观赏茶叶的沉浮、舒展，然后端起茶杯，先闻其香，再小口品尝，让茶汤慢慢在口齿间回转，静心品味。

（一）观外形

绿茶形状有长条形、圆形、扁形、针形、卷曲形等；从嫩度来说，一般芽与叶比例高的绿茶嫩度较好；从色泽上看色泽一致，光泽明亮，油润鲜活较好。

（二）看汤色

汤色以嫩绿色、清澈明亮为好。汤色发黄或发红、暗而浑浊为忌。应注意将绿茶的茸毛与其他引起浑浊的物质分开。

（三）闻香气

绿茶香气以清香、甜香、嫩香、板栗香、炒米香、毫香、花香等为好，烟焦味、霉陈味、水闷味、青草气为次。

（四）品滋味

滋味一般以鲜爽、鲜醇、鲜浓、甘醇、甘爽、回甘为好，枯涩、寡味滋味为次。

（五）看叶底

以细嫩、形态大小一致、色泽嫩绿、黄绿明亮为好，叶底粗老、花杂、短碎、泛红为次。

绿茶玻璃杯
冲泡演示

企业实践任务　绿茶玻璃杯冲泡技法

从器型上分，绿茶冲泡可以用杯泡、壶泡、碗泡等方式；从材质上分，绿茶冲泡器具材质可以选用玻璃、瓷等。冲泡外形细紧、卷曲、重实、显毫的绿茶可用上投法，如碧螺春、都匀毛尖等。冲泡似卷非卷，似扁非扁，如羊岩勾青等茶叶，可选择中投法。冲泡外形较大，芽叶肥壮，不易沉入水中的茶叶，如扁形、兰花形、颗粒形等大部分绿茶，可选择下投法。不同季节，由于气温不同，投茶方式也应有所区别，一般可采用"秋中投，夏上投，冬下投"。

本套茶艺选用玻璃杯，用下投法进行冲泡演示。

一、操作准备

1. 茶具清单（可根据实际情况进行增减和调整）

托盘（1个），奉茶盘（1个），玻璃提梁壶（1把），玻璃水盂（1个）、无刻花透明玻璃杯（3个），玻璃杯托（3个），茶荷（1个），茶巾（一块），玻璃茶叶罐（1个），茶道组（1套）。

2. 备具：摆放位置如图 7-1 所示（可根据实际情况进行调整）

图 7-1　绿茶玻璃杯冲泡备具

3.备茶：根据不同茶品确定投茶量

4.备水：根据不同茶品确定泡茶水温

二、操作步骤

操作步骤为：入场—行鞠躬礼—布具—取茶、赏茶—温杯—置茶—浸润泡—摇香—冲泡—奉茶—品饮—收具—退场。

步骤 1：入场。双手端盘入场，茶盘高度以舒适为宜，行走至茶台，放下茶盘。

步骤 2：行鞠躬礼。双手收回成站姿，行鞠躬礼，入座，如图 7-2 所示。

步骤 3：布具。提梁壶放在茶桌右侧上方；水盂放在提梁壶下方；茶道组放在茶桌左侧上方；茶叶罐放在茶道组后方；茶荷放于茶叶罐后方；茶巾放于茶桌后方中间；玻璃杯呈一字形、斜线或品字形放在托盘上；依次翻杯。如图 7-3 所示。

步骤 4：取茶、赏茶。用茶匙从茶叶罐中轻轻拨取适量茶叶入茶荷，供客人欣赏干茶外形及香气，根据需要，可用简短的语言介绍一下即将冲泡的茶叶品质特征和文化背景，以引发品茶者的兴趣。绿茶干茶细嫩易碎，从茶叶罐取茶入荷时，应用茶匙拨取，或轻轻转动茶叶罐，将茶叶倒出，慎用茶则盛取，以免折断干茶。如图 7-4 所示。

图 7-2　行鞠躬礼　　　　图 7-3　绿茶玻璃杯冲泡布具　　　　图 7-4　赏茶

步骤 5：温杯。从左依次往玻璃杯中倾入 1/3 杯的开水，然后从左侧开始，右手捏住杯身，左手托杯底，轻轻旋转杯身，将杯中的开水依次倒入水盂。温杯既是对客人的礼貌，又可以让玻璃杯预热，去除水雾，避免正式冲泡温差过大。如图 7-5 所示。

步骤 6：置茶。用茶匙将茶荷中的茶叶依次拨入玻璃杯，如图 7-6 所示。

步骤 7：浸润泡。将提梁壶中适宜水温的水倾入杯中，注水量以盖过茶叶为宜，注意水柱不要直接冲在茶叶上。如图 7-7 所示。

图 7-5　温杯　　　　　　　图 7-6　置茶　　　　　　　图 7-7　浸润泡

步骤 8：摇香。轻轻摇动杯身，使茶叶能更好地吸收水分舒展开来，视茶叶的紧结程度，摇香次数以闻到香气为宜。如图 7-8 所示。

步骤 9：冲泡。执提梁壶以定点高冲或凤凰三点头的手法注水至七八分满，使茶杯中的茶叶上下翻滚，有助于茶叶内含物质的浸出，茶汤浓度达到上下一致。如图 7-9 所示。

步骤 10：奉茶。座位上奉茶：右手轻握杯身（注意不要捏杯口），左手托杯底，双手将茶送到客人面前，放在方便客人拿取的位置。下位奉茶：左手托住奉茶盘，右手用端取法端起杯托和玻璃杯，将茶送到客人面前，放在方便客人拿取的位置。每奉完一杯茶，注意移动盘内玻璃杯，使玻璃杯均匀分布，再继续奉茶，茶放好后，向客人伸出右手，做出"请"的姿势，说"请品茶"。奉茶后回茶台。如图 7-10 所示。

图 7-8　摇香　　　　　　　图 7-9　冲泡　　　　　　　图 7-10　奉茶

步骤11：品饮。冲泡前，先可欣赏干茶的色、香、形。名优绿茶的造型，因品种而异，或条状、或扁平、或螺旋形、或针状等；其色泽，或碧绿、或深绿、或黄绿、或白里透绿等；其香气，或奶油香、或板栗香、或清香等。冲泡时，可观察茶在水中的缓慢舒展，游弋沉浮，这种富于变幻的动态，茶人称其为"茶舞"。冲泡后，则可端杯闻香，此时，汤面上冉冉上升的雾气中夹杂着缕缕茶香，犹如云蒸霞蔚，使人心旷神怡。接着是观察茶汤颜色，或黄绿微黄、或乳白微绿，隔杯对着阳光透视茶汤，还可见到有微细茸毫在水中游弋，闪闪发光，此乃细嫩名优绿茶的一大特色。而后，端杯小口品啜，尝茶汤滋味，缓慢吞咽，让茶汤与舌头味蕾充分接触，则可领略到名优绿茶的风味；若舌和鼻并用，还可从茶汤中品出嫩茶香气，有沁人肺腑之感。品尝头开茶，重在品名优绿茶的鲜味和茶香。品二开茶，重在品名优绿茶的回味和甘醇。至三开茶，一般茶味已淡，也无更多要求，能尝到茶味即可。如图7-11所示。

步骤12：收具。依次收具，器具按原来拿取的路线放回茶盘。起身退至茶台侧后方，行鞠躬礼。如图7-12所示。

步骤13：退场：端盘起身，转身退回。如图7-13所示。

图7-11　品饮　　　　　　图7-12　收具　　　　　　图7-13　退场

退场后可继续品饮。当品饮者杯中余1/3左右茶汤时，就应续水，通常一杯茶可续水2次。

三、收尾

把用过的器具洗净、擦干，再将奉茶的玻璃杯收回，清洗、沥干，放入相应的收纳柜，把场所收拾干净，布置如初。

双井茶送子瞻
宋·黄庭坚

人间风日不到处，天上玉堂森宝书。
想见东坡旧居士，挥毫百斛泻明珠。
我家江南摘云腴，落硙霏霏雪不如。
为公唤起黄州梦，独载扁舟向五湖。

任务 8

黄茶冲泡基本技艺

素质目标

1. 培养学生具备茶艺师职业素养。
2. 培养学生规范自我行为的意识和习惯。
3. 培养学生自我学习的习惯、爱好和能力。
4. 培养学生的团队协作意识。

知识目标

1. 掌握黄茶的分类、品种、名称、基本特征等基础知识。
2. 掌握不同黄茶投茶量和水量要求及注意事项。
3. 掌握不同黄茶冲泡水温、浸泡时间要求及注意事项。
4. 了解黄茶品饮基本知识。

能力目标

1. 能根据茶叶基本特征区分不同黄茶。
2. 能根据不同黄茶确定投茶量和水量比例。
3. 能根据黄茶类型选择适宜的水温泡茶，并确定浸泡时间。
4. 能使用玻璃杯中投法冲泡黄茶。
5. 能介绍所泡黄茶的品饮方法。

课堂任务1　黄茶的分类

黄茶是指初加工时经过一道"闷黄"工序所制的茶类。鲜叶杀青后，不及时揉捻，揉捻后不及时烘干或炒干，堆积过久，都会变黄。炒青杀青温度低，蒸青杀青时间过长，都会发黄。变黄就是类黄酮化合物氧化，色香味与绿茶不同，别有风味，于是在制造绿茶的过程中，就有意或无意发明了黄茶类。

黄茶按鲜叶嫩度分为黄芽茶、黄小茶和黄大茶。按闷黄工序先后有杀青后闷黄、揉捻后闷黄和毛火后闷黄。

一、黄芽茶

黄芽茶是指采摘单芽制成的黄茶。有君山银针、蒙顶黄芽等品种。

（一）君山银针

"洞庭帝子春长恨，二千年来草更长"，这是对君山银针的赞美之诗。君山银针产于湖南省岳阳市君山岛上。经过杀青、摊晾、初烘、摊晾、初包、复烘、摊晾、复包、足火、拣剔分级10道工序加工而成。

君山银针品质特征：外形芽头肥壮挺直，满披茸毛，色泽金黄光亮，有"金镶玉"之称，匀齐洁净；汤色杏黄明亮；香气清鲜；滋味甜爽；叶底芽身肥软，色泽黄亮。

（二）蒙顶黄芽

蒙顶黄芽产于四川省名山区的蒙顶山。经过杀青、初包、复炒、复包、三炒、堆放、四炒、烘焙8道工序加工而成。

蒙顶黄芽品质特征：外形扁平挺直，嫩黄油润，金芽披毫；汤色黄亮；香气甜而浓郁；滋味甘醇；叶底嫩匀黄亮。

二、黄小茶

以采摘一芽一叶至一芽三叶之间的鲜叶，按照黄茶加工工艺制成的黄茶，统称黄小茶。有霍山黄芽、北港毛尖、沩山毛尖、平阳黄汤、远安鹿苑茶、海马宫茶等。

（一）霍山黄芽

霍山黄芽属黄茶类，主产于安徽省霍山县，为恢复性历史名茶，创制于唐朝。霍山黄芽现产于佛子岭水库上游的大化坪、姚家畈、太阳河一带，其中以大化坪的金鸡山、金山头，上和街的金竹坪，姚家畈的乌米尖，即"三金一乌"所产的黄芽品质最佳。经过摊放、杀青（做形）、摊晾、初烘、闷黄、复烘、摊放、拣剔、复火等工序加工而成。

霍山黄芽品质特征：外形条直微展，匀齐成朵，形似雀舌，色泽嫩绿微黄披毫；汤色嫩绿清澈；香气清香持久；滋味鲜醇浓厚回甘；叶底微黄明亮。

（二）北港毛尖

北港毛尖产于湖南省岳阳县康王乡北港。经过杀青、锅揉、拍汗、复炒、复揉、烘干等工序加工而成。

北港毛尖品质特征：外形紧结重实，毫尖显露，色泽金黄；汤色橙黄明亮；香气高锐；滋味醇厚回甘；叶底肥嫩，黄亮成朵。

（三）沩山毛尖

沩山毛尖产于湖南省宁乡市沩山乡。经过杀青、闷黄、揉捻、烘焙、拣剔、熏烟等工序加工而成，集黄茶的渥堆和小种红茶的熏烟于一体，别有风味。

沩山毛尖品质特征：外形微卷，呈自然朵状，形似兰花，身披白毫，色泽黄亮光润；汤色橙黄鲜亮；有栗香并带枫球烟香；滋味醇甜爽口；叶底嫩匀黄亮，完整成朵。

（四）平阳黄汤

平阳黄汤产于浙江省南雁荡山及飞云江两岸的平阳、苍南、泰顺等地。历史上以平阳产量最多，质量较好，故称平阳黄汤。经过杀青、揉捻、堆闷、初烘、闷烘等工序加工而成。

平阳黄汤品质特征：外形条索细紧，显毫，色泽嫩黄，有光泽。汤色金黄

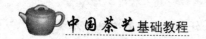

明亮；香气清高幽远；滋味醇和回甘；叶底黄亮成朵。

（五）鹿苑毛尖

鹿苑毛尖产于湖北省远安县云门山鹿苑寺一带，因寺而得名。经过杀青、闷黄、炒二青、闷堆、拣剔、炒干等工序加工而成。

鹿苑毛尖品质特征：外形条索紧实呈环状，白毫显露，色泽金黄，略带鱼子泡；汤色绿黄明亮；栗香持久，具高火香；滋味醇厚持久；叶底嫩黄匀亮。

三、黄大茶

黄大茶一般叶子比较老，常用二三叶甚至更多，大都带梗。主要有霍山黄大茶、广东大叶青、贵州果瓦茶。

（一）霍山黄大茶

霍山黄大茶产于安徽省西部的大别山区，包括霍山、金寨、六安、岳西及湖北英山等地；安徽的潜山及河南的商城、固始也产少量黄大茶。品质最优者产于霍山县大化坪、漫水河及金寨县的燕子河一带。经过杀青、初烘、闷黄、复烘、拉老火等工序加工而成。

霍山黄大茶品质特征：外形芽壮叶肥，叶片成条，梗、叶相连似鱼钩，色泽金黄带褐，油润；汤色深黄；具有高火香；滋味浓厚醇和；叶底黄中显褐。"叶大能包盐，梗长能撑船"说的就是霍山黄大茶。

（二）广东大叶青

广东大叶青产于广东省韶关、肇庆、湛江等地。经过萎凋、杀青、揉捻、闷堆、干燥等工序加工而成。

广东大叶青品质特征：条索肥壮卷紧，身骨重实，略显毫，色青润带黄；汤色深黄明亮；香气醇正；滋味浓醇回甘；叶底浅黄，芽叶完整。

课堂任务 2　黄茶的冲泡要素

黄茶增加了闷黄工艺，在热化反应及外源酶的共同作用下，滋味变得更加醇和。闷黄过程中产生大量的消化酶，对脾胃有好处，能缓解饮食过量引起的消化不良等不适。

一、投茶量

以玻璃杯泡黄芽茶为例，茶水比为 1∶50 左右，为便于欣赏可适当调整投茶量。盖碗冲泡各种品类的黄茶，茶水比为 1∶30 左右，依据原料成熟度可以适当增减投茶量。

二、冲泡水温

原料细嫩的黄茶冲泡水温较低，一般黄芽茶用 80℃~85℃水温冲泡；黄小茶用 90℃左右水温冲泡；原料粗老的黄茶冲泡水温要高，黄大茶要用刚烧沸的 100℃的沸水冲泡。

三、浸泡时间

用玻璃杯冲泡黄芽茶，1∶50 的投茶量，85℃水温冲泡，第一泡茶以冲泡 3 分钟左右饮用为好。若想再饮，杯中剩 1/3 茶汤时续开水。依此类推，可使茶汤浓度前后相对一致。

四、黄茶品饮

（一）观外形

条索紧卷，外形芽与叶的比例相近、肥壮、身骨重实、叶片厚实者为好；松、瘦、扁、轻、短秃者为次。色泽绿黄、润、鲜、色匀为好，粗糙枯滞者为次。

（二）闻香气

黄芽茶的甜兰香，黄小茶的熟栗香，黄大茶的高火香均为正常表现；具绿茶的鲜香、红茶的甜香都不是正常的黄茶香。

（三）看汤色

黄茶汤色微黄、黄亮为正常汤色，黄大茶汤色深黄色为正常汤色。绿色、褐色、橙色、红色均不是正常黄茶汤色。

（四）品滋味

黄茶滋味特点是醇而不苦，粗而不涩。

（五）看叶底

嫩芽多且厚、软为好，硬、薄、卷而不散摊为次；叶底黄亮为好，暗为次。

黄茶玻璃杯
冲泡演示

企业实践任务　黄茶玻璃杯冲泡技法

黄茶可以用杯泡、壶泡、盖碗泡等方式，器具的材质可以选用玻璃、陶、瓷等。本套茶艺选用玻璃杯中投法进行冲泡演示。

一、操作准备

1.茶具清单（可根据实际情况进行增减和调整）

托盘（1个）、奉茶盘（1个）、玻璃提梁壶（1把）、水盂（1个）、无刻花透明玻璃杯（3个）、玻璃片（3块）、茶荷（1个）、茶巾（1块）、茶叶罐（1个）、茶道组（1套）。

2. 备具：摆放位置如图 8-1 所示（可根据实际情况进行调整）

3. 备茶：根据不同茶品确定投茶量

4. 备水：根据不同茶品确定泡茶水温

图 8-1　黄茶玻璃杯冲泡备具

二、操作步骤

操作步骤为：入场—行鞠躬礼—布具—取茶、赏茶—温杯—注水—置茶—摇香—冲泡—奉茶—品饮—收具—退场。

步骤 1：入场。双手端盘入场，茶盘高度以舒适为宜，行走至茶台，放下茶盘。如图 8-2 所示。

步骤 2：行鞠躬礼。双手收回成站姿，行鞠躬礼，入座。

步骤 3：布具。提梁壶放在茶桌右侧上方；水盂放在提梁壶下方；茶道组放在茶桌左侧上方；茶叶罐放在茶道组后方；茶荷放于茶叶罐后方；茶巾放于托盘后方中间；玻璃片呈一字排开放置在托盘内下方；玻璃杯在茶盘内由左下至右上呈斜一字形放置在玻璃片上方。依次翻杯。如图 8-3 所示。

图 8-2　入场

图 8-3　黄茶玻璃杯冲泡布具

步骤 4：取茶、赏茶。用茶匙从茶叶罐中轻轻拨取适量茶叶入茶荷。将茶匙放至茶巾上，盖上茶叶罐，放回原位。给宾客欣赏完干茶外形，茶荷放回原位。如图 8-4 所示。

步骤 5：温杯。按左下至右上的顺序，依次往杯中注入 1/3 的沸水；沿弧线放回水壶。双手捧起第一个玻璃杯，手腕转动温杯，弃水后轻压一下茶巾，吸干水渍，归位。依次温其余两个玻璃杯。如图 8-5 所示。

图 8-4　取茶、赏茶

图 8-5　温杯

步骤 6：注水。按左下至右上的顺序，依次往杯中注入 1/3 的沸水。如图 8-6 所示。

步骤 7：置茶。用茶匙将茶荷中的茶叶依次拨入玻璃杯。将茶匙放回茶道组。如图 8-7 所示。

图8-6 注水

图8-7 置茶

步骤8：摇香。轻轻摇动杯身，浸润茶叶。依次盖上玻璃片。如图8-8所示。

步骤9：冲泡。右手提壶，左手取玻璃片，用定点高冲或凤凰三点头的手法注水至七成满。冲泡后的黄茶，往往浮卧汤面，这时用玻璃片盖在茶杯上，使茶芽均匀吸水，快速下沉。待叶片舒展后，去掉玻璃片。如图8-9所示。

图8-8 摇香

图8-9 冲泡

步骤10：奉茶。取奉茶盘，依次将茶奉给宾客，奉茶后回茶台。如图8-10所示。

步骤11：品饮。黄茶滋味的醇是其基础滋味，这种醇和不似绿茶或红茶的醇和，而是入口醇而无涩；不似绿茶呈现极快的爽，不似红茶呈现极快的强，而是喝下茶汤后回味甘甜润喉，别有风味。如图8-11所示。

图 8-10　奉茶

图 8-11　品饮

步骤 12：收具。依次收具，器具按原来拿取的路线放回茶盘。起身退至茶台侧后方，行鞠躬礼。如图 8-12 所示。

步骤 13：退场。端盘起身，转身退回。如图 8-13 所示。

图 8-12　收具

图 8-13　退场

退场后可继续品饮。当品饮者杯中余 1/3 左右茶汤时，就应续水，通常一杯茶可续水 2 次。

三、收尾

把用过的器具洗净、擦干，再将奉茶的玻璃杯收回，清洗、沥干，放入相应的收纳柜，把场所收拾干净，布置如初。

喜园中茶生
唐·韦应物

洁性不可污，为饮涤尘烦。

此物信灵味，本自出山原。

聊因理郡馀，率尔植荒园。

喜随众草长，得与幽人言。

任务 9

黑茶冲泡基本技艺

素质目标

1. 培养学生具备茶艺师职业素养。
2. 培养学生规范自我行为的意识和习惯。
3. 培养学生自我学习的爱好和能力。
4. 培养学生的团队协作意识。

知识目标

1. 掌握黑茶的分类、品种、名称、基本特征等基础知识。
2. 掌握不同黑茶投茶量和水量要求及注意事项。
3. 掌握不同黑茶冲泡水温、浸泡时间要求及注意事项。
4. 了解黑茶品饮基本知识。

能力目标

1. 能根据茶叶基本特征区分不同黑茶。
2. 能根据不同黑茶确定投茶量和水量比例。
3. 能根据黑茶类型选择适宜的水温泡茶，并确定浸泡时间。
4. 能使用紫砂壶技法泡黑茶。
5. 能介绍所泡黑茶的品饮方法。

课堂任务 1　黑茶的分类

黑茶属于后发酵茶，是我国特有的茶类，以茶树鲜叶和嫩梢为原料，经杀青、揉捻、渥堆、干燥等加工工艺制成。黑茶创制于 11 世纪前后。据载，北宋熙宁七年（1074 年）就有用绿茶做色变黑的做法。黑茶主要用来制成紧压茶供应边疆少数民族，因此，又称边销茶。

由于选用的原料粗老，在制造过程中堆积发酵时间较长，所以成品黑茶色呈油黑或黑褐色，且外形粗大，粗老气味较重。按不同地域，主要有湖南黑茶、四川边茶、湖北老青茶、广西六堡茶、普洱茶等。按加工方法及形状不同，分为散装黑茶和压制黑茶两类。

一、湖南黑茶

湖南黑茶原产于湖南安化，现已扩大到桃江、沅江、汉寿、宁乡、益阳、临湘等地。湖南黑茶兴起于 16 世纪末。以湖南黑茶为原料制成的紧压茶有黑砖茶、湘尖菜、花卷菜、茯砖茶等。湖南黑茶条索卷折成泥鳅状，色泽油黑，汤色橙黄，叶底黄褐，香味醇厚，具有松烟香。

1. 湘尖茶

湘尖茶是以湖南安化黑毛茶为原料，经过筛分、复火烘焙、拣剔、半成品拼配、汽蒸、装篓、压制成型、打气针、晾置通风干燥、成品包装等工艺过程制成的安化黑茶产品。

天尖（湘尖 1 号）品质特征：外形团块状，有一定的结构力，解散团块后茶条紧结，扁直，乌黑油润；汤色橙黄；香气醇浓或带松烟香；滋味浓厚；叶底黄褐夹带棕褐，叶张较完整，尚嫩匀。

贡尖（湘尖 2 号）品质特征：团块状，有一定的结构力，解散团块后茶条紧实，扁直，油黑带褐；汤色橙黄；香气醇浓或带松烟香；滋味醇厚；叶底棕褐，叶张较完整。

生尖（湘尖 3 号）品质特征：团块状，有一定的结构力，解散团块后茶条粗壮尚紧，呈泥鳅条状，黑褐；汤色橙黄；香气醇正或带松烟香；滋味醇和；

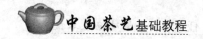

叶底黑褐，叶宽大较肥厚。

2. 花卷茶

花卷茶是以黑毛茶为原料，按照传统加工工艺，经过筛分、拣剔、半成品拼配、汽蒸、装篓、压制、干燥（日晒）等工序加工而成的外形呈圆柱形以及经切割后形成的不同形状的小规格黑茶产品。按产品外形尺寸和净含量不同分为：万两茶、五千两茶、千两茶、五百两茶、三百两茶、百两茶、十六两茶、十两茶等多种。

花卷茶品质特征：外形呈圆柱形，压制紧密，无蜂窝巢状，色泽黑褐或有"金花"；汤色橙黄；香气醇正或带松烟香、菌花香；滋味醇厚或微涩；叶底深褐尚软亮。

3. 茯砖茶

茯砖茶是以黑毛茶为主要原料，经过毛茶筛分、半成品拼配、渥堆、汽蒸、发花、干燥、检验、成品包装等工艺生产的散状黑茶产品或以黑毛茶为主要原料经过毛茶筛分、半成品拼配、渥堆、汽蒸、压制成型、发花、干燥、检验、成品包装等工艺制成的条形、圆形等各种形状的成品和此成品再改形的黑茶产品。散状茯砖茶分为特级和一级。压制茯砖茶分为机制茯砖茶和手筑茯砖茶。

散状茯砖茶（特级）品质特征：条索紧结，尚匀齐，色泽乌黑油润，金花茂盛，无杂菌；汤色橙黄或橙红尚明；香气醇正菌花香；滋味醇厚；叶底黄褐，尚嫩，叶片尚完整。

压制茯砖茶（手筑）品质特征：外形松紧适度，发花茂盛，无杂菌；汤色橙黄明亮；香气醇正菌花香；滋味醇正；叶底黄褐，叶片尚完整。

二、四川边茶

四川边茶产于四川。一般来说，雅安、天全、荥经等地所产边茶专销康藏，称为南路边茶，南路边茶有毛庄茶和做庄茶之分，是压制康砖和金尖的原料；灌县、崇庆、大邑等地所产的边茶，专销四川西北部，称为西路边茶，是压制茯砖和方包茶的原料。

康砖茶品质特征：外形圆角长方形，表面平整、紧实，撒面明显，色泽棕褐；汤色红褐、尚明；香气醇正；滋味醇浓；叶底棕褐稍花。

金尖茶品质特征：外形圆角长方体，稍紧实，无脱层，色泽棕褐；汤色黄红、尚明；香气醇正；滋味醇和；叶底暗褐稍老。

三、湖北老青茶

湖北老青茶又称砖茶，主产于湖北蒲圻、咸宁、通山、崇阳、通城等地。此外，湖南的临湘也有生产，已有100多年的生产历史了，它是压制青砖的原料。老青茶分撒面、二面、里茶3个级别。撒面色泽乌润，条索较紧，稍带白梗。二面色泽乌绿微黄，叶子成条，红梗为主。里茶色泽乌绿带花，叶面带皱，茶梗以当年生红梗新梢为主。

四、广西六堡茶

六堡茶是选用苍梧县群体种、大中叶种及其分离、选育的品种、品系茶树的鲜叶为原料，经杀青、初揉、堆闷、复揉、干燥工艺制成毛茶，再经过筛选、拼配、汽蒸或不汽蒸、渥堆、汽蒸、压制成型或不压制成型、陈化、成品包装等工艺过程加工制成的具有独特品质特征的黑茶。产品分为六堡茶（散茶）和六堡茶（紧压茶）。六堡茶分为特级、一级至六级共7个等级。

六堡茶（散茶）特级品质特征：条索紧细，色泽黑褐、黑、油润，匀整洁净；汤色深红明亮；香气陈香醇正；滋味陈、醇厚；叶底褐、黑褐、细嫩柔软、明亮。

六堡茶（紧压茶）品质特征：外形形状端正匀称，松紧适度，厚薄均匀，表面平整；色泽、净度、汤色、香气、滋味、叶底等品质同散茶特征。

五、普洱茶

普洱茶以地理标志保护范围内的云南大叶种晒青毛茶为原料，并在地理标志保护范围内采用特定的加工工艺制成，具有独特品质特征的茶叶。按其加工工艺和品质特征，分为普洱茶（生茶）和普洱茶（熟茶）。按外观形态分为普洱茶（熟茶）散茶、普洱茶（生茶、熟茶）紧压茶。

普洱茶（熟茶）散茶（一级）品质特征：条索紧结，色泽红褐润较显毫，匀整匀净；汤色红浓明亮；陈香浓厚；滋味浓醇回甘；叶底红褐较嫩。

普洱茶（生茶）紧压茶品质特征：外形色泽墨绿，形状端正匀称，松紧适度，不起层脱面，撒面茶应包心不外露；汤色明亮；香气清醇；滋味浓厚；叶底肥厚黄绿。

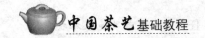

普洱茶（熟茶）紧压茶品质特征：外形色泽红褐，形状端正匀称，松紧适度，不起层脱面，撒面茶应包心不外露；汤色红浓明亮；香气独特陈香；滋味醇厚回甘；叶底红褐。

课堂任务 2　黑茶的冲泡要素

黑茶讲究用沸水冲泡。可以用紫砂壶、盖碗、瓷壶来泡，最好用铸铁壶烧水，因为铸铁壶把水烧到 100℃ 后保温效果好，有利于泡出黑茶的味道。如遇贮存年限较长的（如 30 年以上）黑茶，建议用煮饮法。

一、投茶量

通常情况下，冲泡黑茶茶水比为 1∶16~1∶25，老茶可适当增加投茶量，生茶、新茶可适当减少投茶量。煮饮黑砖茶，通常用较大的茶壶或锅，茶水比为 1∶40 左右，一般每 50 克黑茶加水 1.5 升左右，在火上煎煮，可随时根据需要调制成酥油茶、奶茶等调饮茶。

二、冲泡水温

黑茶是后发酵茶，冲泡时水温达到 100℃ 为佳。砖茶制茶原料比较粗老，在重压后形成砖状。这种茶即使用刚沸腾的开水冲泡，也难以将砖茶的内含物质浸泡出来。所以，需先将砖茶解散成小块，放入壶或锅内，用水煎煮后饮用。新的普洱生茶茶性较接近绿茶，冲泡时水温要略低，出汤要快。新的普洱熟茶可用高温醒茶，略降温冲泡。

三、浸泡时间

黑茶的冲泡水温高，内含物溶解快，所以出汤较快，前 4 泡冲水后 5 秒左右内出汤，4 泡后，可逐渐增加浸泡时间。

四、黑茶品饮

（一）观外形

紧压茶以外形匀整端正、棱角分明、纹理清晰、色泽油润为好；黑砖、花砖、青砖、饼茶黑褐油润为好；茯砖黄褐为好，康砖棕褐为好，金尖猪肝色为好；普洱散茶褐红为好，六堡茶、湘尖黑润为好；南路与西路边茶棕褐色为好；茯砖金花量多、粒大、茂盛为好。

（二）闻香气

黑茶因原料粗老，工艺特殊，以陈香为主。黑茶的陈香不应有陈霉气味，六堡茶、方包茶有松烟香。

（三）看汤色

黑茶汤色以橙黄或橙红为佳；普洱茶（熟茶）散茶呈橙红汤色为好；普洱茶（熟茶）紧压茶呈深红汤色为好；湖南天尖、贡尖、生尖汤色橙黄为好；花砖、黑砖、茯砖汤色橙红为好；花砖、黑砖汤色橙黄带红为好；六堡茶汤色红浓为好；康砖汤色红黄色为好；青砖汤色黄红色为好，汤色明亮为好，忌浑浊，汤浊者香味不醇正或馊或酸。

（四）品滋味

黑茶滋味主要是醇而不涩，普洱茶、康砖茶滋味醇浓，六堡茶具槟榔味，湖南天尖醇厚，贡尖醇和，黑砖醇和微涩。

（五）看叶底

黑茶除篓装茶叶底黄褐及普洱茶叶底红褐亮匀较软外，其他砖茶的叶底一般黑褐较粗。叶肉与叶脉分离、嫩茶叶底泥滑是渥堆过度表现。

黑茶紫砂壶
冲泡演示

企业实践任务　黑茶紫砂壶冲泡技法

　　陈香是黑茶特殊的品质风格。贮存时间越长，其滋味和香气愈加醇香，品质也越好。黑茶一般选用紫砂壶或盖碗进行冲泡，但遇贮存年限较长的黑茶，建议用煮饮法。盖碗适宜冲泡嫩度较高、年份较新的黑茶；紫砂壶适宜冲泡年份较长的黑茶、熟茶等茶品。本套茶艺选用紫砂壶进行冲泡演示。

一、操作准备

　　1. 茶具清单（可根据实际情况进行增减和调整）

　　茶盘（1个），奉茶盘（1个），提梁壶（1把），水盂（1个），壶承（1个），壶垫（1个），紫砂壶（1把），盖置（1个），品茗杯（4个），杯托（4个），公道杯（1个），茶荷（1个），茶叶罐（1个），茶道组（1套），茶巾（1块）。

　　2. 备具：摆放位置如图9-1所示（可根据实际情况进行调整）

　　3. 备茶：根据不同茶品确定投茶量

　　4. 备水：100℃沸水

图9-1　紫砂壶冲泡黑茶备具

二、操作步骤

操作步骤为：入场—行鞠躬礼—布具—取茶、赏茶—温具—置茶—润茶—冲泡—出汤—分茶—奉茶—品饮—收具—退场。

步骤1：入场。双手端盘入场，茶盘高度以舒适为宜，行走至茶台，放下茶盘。

步骤2：行鞠躬礼。双手收回成站姿，行鞠躬礼，入座。如图9-2所示。

步骤3：布具。提梁壶放在茶桌右侧上方；水盂放在提梁壶下方；紫砂壶下置壶垫，放于壶承上；公道杯放置在紫砂壶右侧方；盖置放置在壶承左侧；品茗杯置于杯托上，放在壶承左上方；茶道组放在茶桌左侧上方；茶叶罐放在茶道组下方；茶荷放在茶叶罐下方；茶巾放于壶承右下方。依次翻品茗杯。如图9-3所示。

图9-2　行鞠躬礼

图9-3　紫砂壶冲泡黑茶布具

步骤4：取茶、赏茶。左手取茶匙交至右手，将茶匙头放置在茶巾右上方。取茶叶罐，开盖，拨取所需用量茶叶。将茶匙放回茶巾处，盖上茶叶罐，放回原位。双手用捧取法取茶荷，从右向左赏茶。最好将茶砖、茶饼等紧压茶撬开后放置在紫砂罐中2个星期以上再进行冲泡，醒茶可以通过与空气的接触轻轻唤醒沉睡或尘封的茶叶，以便于冲泡饮用。如图9-4所示。

步骤5：温具。左手执壶盖放于盖置，右手提壶注水八分满，盖回壶盖。提梁壶复位。将水依次注入公道杯、品茗杯。如图9-5所示。

图 9-4　取茶

图 9-5　温具

步骤 6：置茶。左手执壶盖放于盖置，用茶匙将茶荷中的茶叶轻轻拨至壶内，茶匙放回茶道组，茶荷放回原位。如图 9-6 所示。

步骤 7：润茶。润茶次数视品质而定，一般为 2 道。第一次温润泡注水九分满；第二次温润泡为了唤醒茶叶的味道，所以注水只要盖过茶叶即可，20 至 30 秒出水，具体时间根据紧压程度定，压得紧则时间稍长，压得松则时间稍短。散茶可适当缩短时间，一般为 5 至 10 秒，将温润泡的茶汤倒入公道杯后，观察色泽及透明度，若似红葡萄酒透明状，下一泡即可进行正式冲泡。第二泡润茶时，将温杯的水倒入水盂。如图 9-7 所示。

图 9-6　置茶

图 9-7　润茶

步骤 8：冲泡。右手持水壶单边定点低斟注水，切记水流要低而缓，使茶汁慢慢浸出，注水量到壶内九分满左右。前五泡一般随冲随出，第六泡开始可适当延长浸泡时间。尽量保持沸水冲泡。如图 9-8 所示。

冲泡普洱茶有"宽壶留根闷泡法"。"留根"就是经"润茶"后从始至终将泡好的茶汤留在茶壶里一部分，不把茶汤倒干。一般采取"留四出六"或"留半出半"。每次出茶后再以开水添满茶壶，直到最后茶味变淡。"闷泡"是指时间相对较长，节奏讲究一个"慢"字。

还有滗干泡法，就是现泡现饮，每次倒干，不留茶根。选择这种方法是因为品质好、年份好的普洱，每一泡茶汤内质都会有微妙的变化。

步骤9：出汤。将泡好的茶汤注入公道杯。如图9-9所示。

图9-8 冲泡

图9-9 出汤

步骤10：分茶。将公道杯中的茶汤分入品茗杯。如图9-10所示。

步骤11：奉茶。取奉茶盘，依次将茶奉给宾客。每奉完一杯茶，注意移动盘内杯子，使杯子均匀分布，再继续奉茶，奉茶后回茶台。如图9-11所示。

图9-10 分茶

图9-11 奉茶

步骤12：品饮。黑茶口感滑厚、细柔，上好的熟茶还含有陈香、参香、枣香等香气，口感上柔滑醇厚。如图9-12所示。

步骤13：收具。依次收具，器具按原来拿取的路线放回茶盘。起身退至茶台侧后方，行鞠躬礼。如图 9-13 所示。

图 9-12 品饮

图 9-13 收具

步骤 14：退场。端盘起身，转身退回。如图 9-14 所示。

图 9-14 退场

退场后如需品饮，重复步骤 8~12 即可。

三、收尾

把用过的器具洗净、擦干，再将奉茶的品茗杯收回，清洗、沥干，放入贮藏间相应的收纳柜内，把场所收拾干净，布置如初。

茶文欣赏

西山兰若试茶歌
唐·刘禹锡

山僧后檐茶数丛，春来映竹抽新茸。

宛然为客振衣起，自傍芳丛摘鹰觜。

斯须炒成满室香，便酌砌下金沙水。

骤雨松声入鼎来，白云满碗花徘徊。

悠扬喷鼻宿酲散，清峭彻骨烦襟开。

阳崖阴岭各殊气，未若竹下莓苔地。

炎帝虽尝未解煎，桐君有篆那知味。

新芽连拳半未舒，自摘至煎俄顷馀。

木兰沾露香微似，瑶草临波色不如。

僧言灵味宜幽寂，采采翘英为嘉客。

不辞缄封寄郡斋，砖井铜炉损标格。

何况蒙山顾渚春，白泥赤印走风尘。

欲知花乳清泠味，须是眠云跂石人。

任务 10

白茶冲泡基本技艺

素质目标

1.培养学生具备茶艺师职业素养。

2.培养学生规范自我行为的意识和习惯。

3.培养学生自我学习的习惯、爱好和能力。

4.培养学生的团队协作意识。

知识目标

1.掌握白茶的分类、品种、名称、基本特征等基础知识。

2.掌握不同白茶投茶量和水量要求及注意事项。

3.掌握不同白茶冲泡水温、浸泡时间要求及注意事项。

4.了解白茶品饮基本知识。

能力目标

1.能根据茶叶基本特征区分不同白茶。

2.能根据不同白茶确定投茶量和水量比例。

3.能根据白茶类型选择适宜的水温泡茶，并确定浸泡时间。

4.能使用煮茶技法泡白茶。

5.能介绍所泡白茶的品饮方法。

课堂任务 1 白茶的分类

白茶制法独特，不炒不揉，属微发酵茶，制作过程只有萎凋和干燥两道工序。因茶叶未经揉捻，冲泡后，芽叶完整舒展。白茶最初是指白毫银针，因其成茶外表满披白毫，故名白茶。现有白毫银针、白牡丹、贡眉、寿眉、新工艺白茶、紧压白茶等产品。传统产区主要位于福建福鼎、政和、建阳等地。

一、白毫银针

白毫银针是采摘福鼎大白茶、福鼎大毫茶、政和大白茶、福安大白茶的肥壮嫩芽制作而成，形如针，色如银。福鼎生产的银针为"北路银针"，政和生产的银针为"南路银针"。

福鼎白毫银针品质特征：外形挺直似针，芽头肥壮，满披白毫，色泽鲜亮，呈现银白色；汤色浅杏黄、清澈透亮；毫香蜜韵；滋味甘甜清爽；叶底软亮匀齐。

政和白毫银针品质特征：外形挺直似针，芽头稍细长，毫略薄，色泽银灰；汤色浅杏黄、清澈透亮；毫香明显；滋味清鲜醇爽，毫味明显；叶底肥嫩明亮。

二、白牡丹

以大白茶或水仙茶树品种的一芽一、二叶为原料，经萎凋、干燥、拣剔等特定工艺过程制成的白茶产品。

白牡丹品质特征：外形叶张肥嫩，披毫带绿，绿叶夹白毫，芽叶连枝，形似花朵；汤色杏黄明亮；滋味、香气清鲜醇正；叶底叶芽连枝，色淡绿，叶梗、叶脉微红，叶底明亮。

三、贡眉

贡眉是以群体茶树芽叶制作，采摘标准为一芽一、二叶至一芽二、三叶。

贡眉（特级）品质特征：叶态卷，有毫心，色泽灰绿或墨绿，匀整、洁

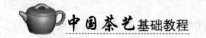

净；汤色橙黄；香气鲜嫩，有毫香；滋味清甜醇爽；叶底有芽尖，叶张嫩亮。

四、寿眉

以大白茶、水仙或群体种茶树品种的嫩梢或叶片为原料，经萎凋、干燥、拣剔等特定工艺过程制成的白茶产品。

寿眉（一级）品质特征：叶态尚紧卷，尚灰绿，较匀，较洁净；汤色尚橙黄；香气醇；滋味醇厚尚爽；叶底稍有芽尖，叶张软尚亮。

五、新工艺白茶

以福鼎大白茶、福鼎大毫茶鲜叶为原料，采用萎凋、轻揉捻和干燥等工艺加工制作而成的白茶。

新工艺白茶品质特征：外形叶张略有皱褶呈半卷条形，色泽暗绿带褐；汤色橙红；香清味浓；滋味浓醇清甘；叶底开展，色泽青灰带黄，筋脉带红。

六、紧压白茶

紧压白茶以白茶为原料，经整理、拼配、蒸压定型、干燥等工序制成，分紧压白毫银针、紧压白牡丹、紧压贡眉和紧压寿眉。紧压白茶的形状有圆饼状、方块状、球形等。

紧压白茶方便储存、运输，经存放后滋味口感、汤色香气产生变化。

白茶有"一年茶、三年药、七年宝"之说。白茶在避光、清洁、干燥、无异味的条件下存放三年及以上时，与新茶相比，茶香、汤色、滋味都发生变化。七年以上的老白茶会呈现陈香、枣香、荷香、毫香、药香等香气特征。

课堂任务 2　白茶的冲泡要素

我国白茶品种丰富，茶叶外形差异较大，如白毫银针全是芽头、满披白毫，白牡丹有芽有叶、没有茶梗，贡眉茶芽细长、叶小梗细，寿眉的特点同样有两个：一是很少茶芽，甚至基本没有茶芽；二是粗枝大叶，叶片很大、茶梗又粗又长，看起来像一堆晒干的树叶。因此，泡茶要素有所不同。

一、投茶量

用玻璃杯冲泡白毫银针，茶水比为 1∶50 左右，为便于欣赏，可适当调整投茶量。盖碗冲泡各种品类的白茶，茶水比为 1∶30 左右，老白茶可适当增加投茶量。煮茶投茶量依水量而定，投茶量不超过水量的 1.5% 左右，以 300 毫升为例，因为茶叶煮沸后容易溢出壶嘴，注水量以 8 分满为宜，实际水量 240毫升，投茶量不超过 3.5 克。以泡过的叶底煮茶时，以该把煮水壶泡完该种茶后应有的叶底为"叶底煮茶"的茶量，然后煮到泡沫集结的状态。

二、冲泡水温

白毫银针用 90℃～95℃ 的水温冲泡，白牡丹用 95℃～100℃ 的水温冲泡，贡眉、寿眉、新工艺白茶、老白茶用 100℃ 的水温冲泡。紧压白茶用 100℃ 的水温冲泡。老白茶可以煮饮，3～5 年的寿眉饼或者是 3 年以上的寿眉散茶直接煮起来口感较适合。

三、浸泡时间

冲泡白毫银针、白牡丹第一泡 30～35 秒（视茶而定）左右出汤，第二泡30～35 秒，第三泡后开始增加时间，是否赶上第一泡的时间或是超过第一泡的时间，根据茶叶质量与舒展的程度而定。紧压白茶延长时间多些，松散茶叶延长时间短些。

四、白茶品饮

1. 观外形

白毫银针外形以毫心肥壮、银白闪亮为好，芽瘦小而短、色灰为次；白牡丹以叶张肥嫩、叶态伸展、芽叶连枝、毫心肥壮、色泽灰绿、毫色银白为上，叶张瘦薄、色灰为次；贡眉、寿眉以叶张肥嫩、芽叶连枝、夹带毫芽为上；新白茶以粗松带卷、色泽褐绿为上，无芽、色泽棕褐为次。

2. 闻香气

香气以毫香浓郁、清鲜醇正为上；淡薄、生青气、发霉、有红茶发酵气为次。

3. 看汤色

白茶汤色以清澈、淡绿、橙黄明亮或浅杏黄色为好，红、暗、浊为劣。

4. 品滋味

白茶滋味以鲜美、醇爽、清甜为上，粗涩淡薄为差。

5. 看叶底

白茶叶底以匀整、毫芽多为好，带硬梗、叶张破碎、粗老为次；色泽以鲜亮为好，花杂、暗红、焦红边为次。

白茶煮饮演示

企业实践任务　白茶煮饮技法

白茶可以用杯泡、壶泡、盖碗泡等方式，器具的材质可以选用玻璃、陶、瓷等。老白茶可用煮饮法，煮饮法是以水烹煮叶形茶，直到茶汤达到所需浓度。煮茶法比浸泡方式更容易让茶的香气与水可溶物质释出，但不容易掌控到每次浓度的平均数，所以煮茶法通常只煮一道，或边煮边倒再加水煮，或继续加茶，新旧茶一起熬煮。

煮茶法较适合于老白茶类与后发酵茶类，如白牡丹、渥堆普洱、六堡茶、茯砖茶等原料采较成熟叶制成者。这些茶中较细嫩、陈化程度高者，可以优先采取浸泡法，味道变弱后，再继续使用熬煮法。

本套茶艺用煮饮技法进行冲泡演示。

一、操作准备

1. 茶具清单（可根据实际情况进行增减和调整）

茶盘（1个），奉茶盘（1个），煮茶壶（1个），壶垫（1块），壶承（1个），公道杯（1个），盖置（1个），品茗杯（6个），杯托（6个），酒精煮茶炉（1套），茶炉托（1个），茶叶罐（1个），茶则（1个），茶匙（1个），茶匙架（1个），计时器（1个），打火机（1个），提梁壶（1个），水盂（1个），茶巾（1块）。

2.备具：摆放位置如图 10-1 所示（可根据实际情况进行调整）

3.备茶：根据不同茶品确定投茶量

4.备水：100℃

图 10-1　白茶煮饮备具

二、操作步骤

操作步骤为：入场—行鞠躬礼—布具—温壶—取茶、赏茶—置茶—煮茶—候汤—温杯—出汤—分茶—奉茶—品饮—收具—退场。

步骤 1：入场：双手端盘入场，茶盘高度以舒适为宜，行走至茶台，放下茶盘。

步骤 2：行鞠躬礼。双手收回成站姿，行鞠躬礼，入座。如图 10-2 所示。

步骤 3：布具。煮茶壶距离桌沿 10 厘米，定位中正，盖钮对准鼻尖，下置壶垫、壶承；公道杯放在壶承右上方；品茗杯以煮茶壶为中心，偏茶台左上方一字排开；提梁壶放置于茶台左上方；水盂在提梁壶下方；酒精炉放于茶台右上方，加上酒精备用；茶叶罐、茶则、茶匙、茶匙架放在酒精炉左下侧；杯托在酒精炉右下侧；打火机和计时器放在杯托下方；茶巾放置于壶承与公道杯直角相交的地方。如图 10-3 所示。

图 10-2　行鞠躬礼

图 10-3　白茶煮饮布具

步骤 4：温壶。左手打开壶盖，搁于盖置上，取提梁壶，注水入煮茶壶八分满，复盖。如图 10-4 所示。

步骤 5：取茶、赏茶。右手取茶则左手接过，双手将茶则放于茶巾下方。右手取茶叶罐交至左手，右手将茶叶罐盖子打开，将罐盖放回原处，右手取茶匙，将茶叶拨至茶则，送回茶匙，右手顺势取罐盖盖上，将茶叶罐交至右手放回原处。双手用捧取法取茶则，从右向左赏茶。如图 10-5 所示。

图 10-4　温壶

图 10-5　取茶

步骤 6：置茶。将温壶水倒入公道杯中后，将茶则中茶叶置入壶中。如图 10-6 所示。

步骤 7：煮茶。向煮茶壶中注水至八分满，加盖，取下酒精炉盖，点燃酒精炉，右手握壶，移到酒精炉上，煮茶。如图 10-7 所示。

图 10-6　置茶

图 10-7　煮茶

步骤 8：候汤。按下计时器，计算煮茶时间，一般煮沸后 3~4 分钟即可饮用。如果还煮第 2 次，一般煮 5 分钟左右。若没有计时器，可以观察壶口泡沫，当泡沫累叠升高至壶口，即可出汤。如图 10-8 所示。

步骤 9：温杯。候汤时，将公道杯中的水逐一注入品茗杯，在茶巾沾干杯底水渍，将公道杯放回，按顺序依次温品茗杯。如图 10-9 所示。

图 10-8　候汤

图 10-9　温杯

步骤 10：出汤。右手握壶，将壶从炉上移至公道杯上方出汤。如需再煮茶，放回煮茶壶时，茶壶内留有一定量的茶汤，注水再进行煮茶。如图 10-10 所示。

步骤 11：分茶。依次将茶汤分入品茗杯。如图 10-11 所示。

图 10-10　出汤

图 10-11　分茶

步骤 12：奉茶。依次将茶奉给宾客，奉茶后回茶台。如图 10-12 所示。

步骤 13：品饮。煮饮的老白茶汤色橙黄明亮，略有陈香，滋味醇和顺滑。如图 10-13 所示。

图 10-12　奉茶

图 10-13　品饮

步骤 14：收具。依次收具，器具按原来拿取的路线放回茶盘。起身退至茶台侧后方，行鞠躬礼。如图 10-14 所示。

步骤 15：退场。端盘起身，转身退回。如图 10-15 所示。

图 10-14　收具　　　　　　　　　图 10-15　退场

三、收尾

把用过的器具洗净、擦干，再将奉茶的品茗杯收回，清洗、沥干，放入相应的收纳柜，把场所收拾干净，布置如初。

试院煎茶
宋·苏轼

蟹眼已过鱼眼生，飕飕欲作松风鸣。

蒙茸出磨细珠落，眩转绕瓯飞雪轻。

银瓶泻汤夸第二，未识古人煎水意。

君不见昔时李生好客手自煎，贵从活火发新泉。

又不见今时潞公煎茶学西蜀，定州花瓷琢红玉。

我今贫病长苦饥，分无玉碗捧蛾眉。

且学公家作茗饮，砖炉石铫行相随。

不用撑肠拄腹文字五千卷，但愿一瓯常及睡足日高时。

任务 11

乌龙茶冲泡基本技艺

素质目标

1. 培养学生具备茶艺师职业素养。
2. 培养学生规范自我行为的意识和习惯。
3. 培养学生自我学习的习惯、爱好和能力。
4. 培养学生的团队协作意识。

知识目标

1. 掌握乌龙茶的分类、品种、名称、基本特征等基础知识。
2. 掌握不同乌龙茶投茶量和水量要求及注意事项。
3. 掌握不同乌龙茶冲泡水温、浸泡时间要求及注意事项。
4. 了解乌龙茶品饮基本知识。

能力目标

1. 能根据茶叶基本特征区分不同乌龙茶。
2. 能根据不同乌龙茶确定投茶量和水量比例。
3. 能根据乌龙茶类型选择适宜的水温泡茶，并确定浸泡时间。
4. 能使用紫砂壶双杯技法泡乌龙茶。
5. 能介绍所泡乌龙茶的品饮方法。

课堂任务 1　乌龙茶的分类

乌龙茶又称青茶，属于半发酵茶。我国乌龙茶产区有福建、广东、台湾三省，以福建生产青茶的历史最为悠久，是乌龙的发源地和主要产地。

依制法特点、品质特征和产地不同分为闽南乌龙、闽北乌龙、广东乌龙和台湾乌龙。

一、闽南乌龙

闽南乌龙产于安溪、平和、云霄、长泰、漳平等县。茶树品种有铁观音、黄棪（黄金桂）、本山、毛蟹、梅占、大叶乌龙（大叶乌）、佛手（香橼）、水仙等。

（一）铁观音

铁观音既是茶树品种名，又是茶叶商品名。原产于安溪县西坪，其由来有两种传说，一种是观音托梦给茶农魏荫的说法；一种是乾隆皇帝饮后，以其乌润结实，沉重似铁，味香形美，犹如观音，赐名为"铁观音"的说法。

1. 铁观音制作工艺

铁观音制作技艺包括采摘、初制、精制三个部分，2008 年列入国家级非物质文化遗产名录。

（1）采摘。制作铁观音的优质原料是顶芽形成驻芽，顶叶开至大开面，采摘完整三、四叶嫩梢。

（2）初制工艺有 10 道工序。晒青—凉青—摇（摊）青—杀青—揉捻—初烘—包揉—复烘—复包揉—烘干，其中晒青、凉青、摇（摊）青为做青阶段，做青是形成青茶"三分红、七分绿"和特有香味的关键工序。

（3）精制加工。从毛茶到成品茶的过程，其工艺流程主要包括毛茶归堆—拼配—筛分—风选—拣剔—烘焙—摊凉—冷却—匀堆—包装。

2. 铁观音品质特征

铁观音分为清香型、浓香型、陈香型三大系列产品，最显著的特征是"香

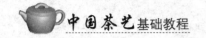

高韵显"（兰花香、观音韵）。

铁观音（清香型）品质特征：外形条索肥壮紧结，色泽砂绿油润、匀整洁净；汤色金黄明亮；香气清香持久；滋味鲜醇甘爽、音韵明显；叶底肥厚软亮。

铁观音（浓香型）品质特征：外形肥壮紧结，色泽砂褐油润，匀整洁净；汤色金黄清澈；香气浓郁持久；滋味醇厚甘鲜、音韵明显；叶底黄绿肥软有红边。

铁观音（陈香型）品质特征：外形紧结匀整洁净，色泽乌褐；汤色深红或橙红；陈香明显；滋味醇和；叶底乌褐柔软匀整。

（二）黄棪（黄金桂）

黄棪为茶树品种名，茶叶商品名为黄金桂。原产于安溪县罗岩。

黄金桂品质特征：外形卷曲或紧细，条索细长似尖梭，结而欠重实，枝细小，色泽黄绿或赤黄绿，具光泽；汤色清黄或浅金黄；香气芬馥、优雅、似蜜桃香、桂花香或梨香；滋味清醇鲜爽悠长；叶底黄绿，红边尚鲜红，叶张尖薄，主脉明显，叶齿稍锐。

（三）本山

本山既是茶树品种名，也是茶叶商品名。原产于安溪西坪尧阳。

本山品质特征：条索结实，色泽乌油润、砂绿较细，或香蕉色，如鲜叶原料较嫩，毛茶呈乌绿；汤色清黄或橙黄；香气浓郁，品质好的略有音韵，具酸甜味；滋味清醇尚厚能回甘；叶底软亮匀整，叶张略厚，叶尾稍尖，叶脉显露，叶张肩缘向后扭翻。

（四）毛蟹

毛蟹为茶树品种名，商品名也称毛蟹，又称茗花。原产于安溪福美大丘仑。

毛蟹品质特征：条索结实，枝头圆形、头大尾尖、节距稍短，色泽乌绿、略油润、砂绿欠明显；汤色清黄或清红色；香气清高似月桂花香；滋味清醇略厚；叶底软亮，叶张小圆形，叶尾尖，叶齿深、密、锐，叶张尚厚，主脉明显。

（五）梅占

梅占是茶树品种名，也是茶叶商品名。

梅占品质特征：条索壮结肥厚，叶形长大，较粗态，枝长大；叶尖稍红；色泽乌绿、微油润、红点明；汤色清红；香气尚浓郁；滋味浓欠醇；叶底肥厚尚软亮，叶稍宽长，主脉粗大，叶尾顺尖，叶齿锐，红镶边明显。

（六）大叶乌龙

大叶乌龙是茶树品种名，又是茶叶商品名。原产于安溪长坑珊屏。

大叶乌龙品质特征：条索壮大结实，叶蒂比观音小、比奇兰大，色泽似香蕉色，三节色，砂绿尚明；汤色清黄；香气清高，似大号栀子花香；滋味清醇爽口；叶底软亮，叶肩尚大，叶面光亮，主脉明显，红镶边明显。

（七）佛手

佛手茶主要分布于安溪县和永春县。原产于安溪金榜骑虎岩。

佛手品质特征：条索壮结肥大，圆结主脉明显，带红色，色泽砂绿具光泽；汤色清红；香气清香似香橼（佛手柑）香；滋味尚醇厚，略甘鲜；叶底软亮，叶张主脉粗大，似香橼叶。

（八）漳平水仙茶饼

漳平水仙茶饼又名"包纸茶"，是用水仙茶树鲜叶，按乌龙茶制法制出毛茶，制茶时，在揉捻工艺后增加"捏团"工艺，将揉捻叶捏成小圆团，用纸包固定，焙干成形，"包纸茶"的别名由此而来，由于手捏形状大小不一，后改用木模压制成方形茶饼，是乌龙茶类中唯一紧压茶。原产地福建省漳平市，主产区漳平县，以双洋、南洋、新桥乡镇为多。

漳平水仙茶饼品质特征：外形扁平呈方形，色泽青翠黄绿，油润有光，具"三节色"；汤色橙黄、清黄或深黄明亮；香气清高细长，似水仙花香；滋味清醇细长略鲜爽；叶底软亮肥厚，叶面光亮，红边显现。

二、闽北乌龙

闽北乌龙茶主要生产于福建省北部的武夷山市、建瓯市和南平市建阳区，闽北是我国茶树品种资源最丰富的地区之一，特别是武夷山市，除水仙、肉桂为无性系品种外，名岩种植多半为本地原有的菜茶，由于长期自然杂交，生成许多变种。从中选育的名丛如大红袍、铁罗汉、白鸡冠、水金龟、白瑞香、素心兰、半天妖、瓜子金、石中玉、不见天、岭上梅等有数百种之多。

武夷岩茶是在武夷山自然生态环境中选用适宜的茶树品种进行繁育和栽培，并用独特的传统工艺加工制作而成，具有岩韵品质特征的乌龙茶。武夷岩茶产品有大红袍、名丛、肉桂、水仙、奇种等。"五大名丛"为大红袍、铁罗汉、水金龟、白鸡冠、半天妖。

（一）武夷岩茶制作工艺

闽北乌龙茶、武夷岩茶的初制工艺比闽南乌龙茶少了一道包揉工序，包括采摘、初制、精制三个部分，2008年列入国家级非物质文化遗产名录。

（1）采摘。制作武夷岩茶的优质原料是茶树新梢长到将要成熟，并形成驻芽时采下2~4叶，俗称"开面采"。

（2）初制工艺。晒青—做青—炒青—揉捻—烘焙，其中做青阶段是武夷岩茶制作的关键工序。

（3）精制加工。武夷岩茶的精制加工主要包括归堆、拣剔、筛分、扬簸、复拣、烘焙等工序。其中以烘焙工序最为关键，采用炭火或烘干机等进行烘焙，进一步发展和完善武夷岩茶的色香味。烘焙过程要掌握"文火慢炖"的原则，因焙火温度和时间不同，火功程度大致分为轻火、中火、足火。

（二）武夷岩茶品质特征

1. 大红袍

大红袍既是茶树名，又是茶叶商品名和品牌名，大红袍原为四大名丛之一，2012年通过审定成为福建省优良品种。

大红袍品质特征：条索紧结、壮实、稍扭曲，色泽青褐油润带宝色；汤色呈深橙黄色，清澈艳丽；香气馥郁、锐、浓长、清、幽远；滋味浓而醇厚，润滑回甘，岩韵明显；叶底软亮匀齐，红边明显。

2. 名丛

经过自然杂交、人工选育出不同品质特点的各种优良单株即单丛，又从中"优中选优"而形成名丛。

名丛品质特征：条索紧结壮实，色泽较带宝色或油润；汤色呈深橙黄色，清澈艳丽；香气较锐、浓长、清、幽远；滋味醇厚，回甘快，岩韵明显；叶底软亮匀齐，红边带朱砂色。

3. 武夷肉桂

肉桂是从武夷山有性群体名丛中选育出来的，1985 年通过审定成为福建省优良品种。

肉桂品质特征：条索肥壮紧结、沉重，色泽绿褐油润，匀整；汤色呈金黄或橙黄，清澈明亮；香气辛锐持久，似有奶油香或蜜桃香、或桂皮香；滋味醇厚鲜爽，刺激感强，岩韵明显；叶底肥厚黄亮柔软，红边明显。

4. 水仙

水仙在武夷山种植历史久远，是武夷岩茶的当家品种。

水仙品质特征：条索壮结、重实，叶柄及主脉宽大扁平，色泽青褐油润；汤色呈金黄或深橙黄色，清澈浓艳；香气浓郁鲜锐，有兰花香，木香特征明显；滋味醇厚、润滑，岩韵明显；叶底肥厚软亮，红边鲜艳明显。

5. 奇种

用武夷菜茶品种采制加工而成的成品茶为奇种，菜茶是武夷山原始的有性群体茶树品种，奇种为产品名。

奇种品质特征：条索紧结重实，色泽乌褐较油润；汤色金黄明亮；香气清高细长；滋味清醇甘爽，岩韵明显；叶底软亮匀齐，红边明显。

三、广东乌龙

广东乌龙主产区分布于广东省东部的潮州凤凰山、饶平一带。主要品种有凤凰水仙、岭头单丛、饶平色种、大叶奇兰等。凤凰单丛是众多优异凤凰水仙品种单株的总称。单丛茶叶命名方式有多种，有的以树型命名，如大丛茶、望天茶、团树、鸡笼、娘仔伞等；有的以青叶形状与某种树叶相似命名，如柚叶、木仔叶、柑叶等；有的以叶色命名，如白叶、乌叶等；有的以鲜叶的大小命名，如大乌叶、乌叶仔、大白叶、白叶仔等；有的以成品茶的外形命名，如丝线茶、大骨杠等；有的以成茶冲泡后的品味口感命名，如姜母香、水蜜桃甜味、苹果香、杏仁香、肉桂香等；有的以事件、时代背景命名，如东方红、宋种等；有的以季节命名，如清明茶、谷雨仔、立夏芝兰、秋仔、雪茶等；还有些特殊命名，如八仙过海、老仙翁、兄弟茶、通天香、锯朵仔等；最为大家所接受的还是以成茶的自然花香或近似花香命名，如蜜兰香、黄枝香、芝兰香、桂花香、玉兰香、姜母香、夜来香、杏仁香、肉桂香、茉莉香、蜜香型、柚花香等。

凤凰单丛品质特征：外形条索卷曲紧结肥壮，色泽青褐油润带红线，似鳝鱼皮，呈三节色；汤色黄艳带绿；香气浓，有自然花香；滋味醇厚鲜爽回甘，有特殊"山韵"；叶底柔嫩，绿叶红镶边，耐冲泡，冲泡多次后仍有余香。

四、台湾乌龙

台湾乌龙产于台湾，有从福建安溪、武夷山等地引进的茶种，还有当地的野生品种和选育出的适制乌龙茶的优良品种。按发酵程度分为文山包种、冻顶乌龙、木栅铁观音、白毫乌龙等。

（一）文山包种

文山包种茶属轻萎凋轻发酵茶类，其风味介于绿茶与冻顶乌龙之间。包种茶产于台湾地区北部的新北市和桃园等县，包括文山、南港、新店、坪林、石碇、深坑、汐止等茶区。

文山包种茶品质特征：成茶呈条索状，色泽墨绿；汤色蜜绿鲜艳带金色；花香明显，优雅清扬；滋味甘醇滑润带活性。

（二）冻顶乌龙茶

冻顶乌龙茶主产于台湾地区南投县鹿谷乡，是半球形乌龙茶，发酵程度中等，约40%。

冻顶乌龙茶品质特征：外形卷曲呈半球形，色泽墨绿油润；汤色黄绿；有花香略带焦糖香；滋味甘醇浓厚。

（三）白毫乌龙

白毫乌龙主产于台湾地区桃园、新竹、苗栗等县。白毫乌龙是重度发酵乌龙茶，发酵程度一般在70%以上，仅在谷雨到端午炎热夏季制作，主要品种为青心大冇，尤以茶小绿叶蝉叮咬后采制者为上品。

白毫乌龙品质特征：外形一芽两叶自然弯曲，红、白、黄、绿、褐五色相间；汤色黄红如琥珀；有果味香、蜜糖香；滋味圆柔醇厚，回味甘醇。

课堂任务 2　乌龙茶的冲泡要素

我国乌龙茶品种丰富，茶叶外形差异较大，如凤凰水仙系的乌龙茶、武夷岩茶、台湾文山包种茶的茶叶呈粗壮的条索形，铁观音呈螺钉状，而台湾冻顶乌龙等呈外形紧结的半球状，因此，泡茶要素应有所区别。

一、投茶量

通常情况下，冲泡乌龙茶的茶水比为 1∶18~1∶20。条形紧结的半球形乌龙茶，用量以壶的二三成满即可；松散的条状乌龙茶，用量以容器的六七成满为宜。中发酵的铁观音和焙火的观音，置茶量可以适当增加到一半，如果是轻发的观音，正常的置茶量是壶的 1/4~1/3，太多易苦涩；像清香半球或球形茶铺满壶底即可，否则易涩。

二、冲泡水温

乌龙茶通常宜用 100℃水温冲泡。白毫乌龙原料较嫩，宜用 85℃左右的水温冲泡；发酵极轻、焙火也少的乌龙茶如文山包种，宜用 90℃左右的水温冲泡。

三、浸泡时间

冲泡未焙火或焙火轻的乌龙茶，又未经润茶，第一泡 45~60 秒（视茶而定）左右出汤，第二泡因为茶叶已经舒展，冲泡时间比第一泡要缩短，第三泡后开始增加时间，是否赶上第一泡的时间或是超过第一泡的时间，根据茶叶质量与舒展的程度而定。一般紧结的茶叶，延长时间多些，松散的茶叶，延长的时间少些，目的是使每一泡茶汤浓度均匀一致。

表 11-1　铁观音泡茶要素参考值

铁观音茶叶类型	冲泡容器大小（毫升）	投茶量（克）	浸泡时间	冲泡水温
清香型 （1:15）	110	7	第一次 40~60 秒； 之后每次递增 10 秒	100℃
	300	20		
浓香型 （1:13）	110	8	第一次 30~40 秒； 之后每次递增 10 秒	
	300	23		
陈香型 （1:18）	110	6	第一次 20~30 秒； 之后每次递增 10 秒	
	300	16		

（参照 DB35/T 1623-2016《铁观音冲泡与品鉴方法》）

表 11-2　武夷岩茶泡茶要素参考值

浓淡度	冲泡容器大小（毫升）	投茶量（克）	浸泡时间	冲泡水温
较淡	110	5	第 一 次 20 秒；第 二 次 30 秒；第三次 45 秒	100℃
		8	第 一 次 10 秒；第 二 次 15 秒；第三次 20 秒	
中等	110	8	第 一 次 20 秒；第 二 次 30 秒；第三次 45 秒	
		10	第 一 次 10 秒；第 二 次 15 秒；第三次 20 秒	
较浓	110	10	第 一 次 20 秒；第 二 次 30 秒；第三次 45 秒	
		12	第 一 次 10 秒；第 二 次 15 秒；第三次 20 秒	

（参照 DB35/T 1545-2015《武夷岩茶冲泡与品鉴方法》）

四、乌龙茶品饮

以铁观音、武夷岩茶、凤凰单丛茶为例。

（一）铁观音品饮

1. 观外形

铁观音的外形卷曲、肥壮圆结，重实匀整，色泽乌油润或砂绿色。

2. 闻香气

通过闻干茶香、杯盖香、茶汤香和叶底香来综合品鉴铁观音的香气。

3. 看汤色

清香型铁观音茶汤以浅金黄、清澈明亮为佳。浓香型铁观音茶汤以金黄、清澈明亮为佳。陈香型铁观音茶汤以深红、清澈为佳。

4. 品滋味

品饮时宜让茶汤在口腔内打转，使茶汤与口腔各部位充分接触，细心品味，感受铁观音醇厚回甘、浓郁花香，尤其是铁观音特有的"音韵"。

5. 看叶底

冲泡后的铁观音叶底应肥厚软亮、匀齐，表面光润似绸缎。

（二）武夷岩茶品饮

1. 观色

观色指观看武夷岩茶的干茶色泽、茶汤色泽和叶底色泽。岩茶干茶色泽青褐或乌褐，好茶色泽润且匀。茶汤色泽受焙火影响较大，火功轻的岩茶汤色呈金黄或较深的黄色，中等火功的岩茶汤色呈橙黄色或深橙黄，火功高的岩茶汤色为橙红、深橙红或褐红。清澈明亮是好茶的标准，浑浊是弊病。武夷岩茶的叶底表现为绿叶红镶边，若是火功高的茶，叶底颜色为褐色，不易看出红边，叶表呈蛤蟆背状。

2. 闻香

茶香包括干茶香、冲泡时的香气和叶底香。干茶香是将茶叶投入烫热的盖碗（或壶）中，摇动两三下，然后开盖嗅闻香气，干茶香一般可以初步判断茶叶有无异杂味、陈味等。品饮时可重点品鉴盖香、水香和底香。盖香是指茶叶冲泡时或者出汤后杯盖上的香气；水香是指茶汤中的香气；底香包括杯底香和叶底香。品质好的武夷岩茶多次冲泡后叶底仍有明显花果香或清甜气息。三者香气均醇正、持久为优质岩茶的表现。如水仙有兰花香、肉桂有桂皮香，还有花果香、奶油香、木香等。

3. 尝味

尝味是让茶汤在口腔内打转，使茶汤与口腔各部位充分接触。林馥泉先生认为"岩茶之佳者，入口须有一股浓厚芬芳气味，入口过喉，均感润滑活性，初虽有茶素之苦涩味，过后则渐渐生津，岩茶品质好坏几乎全部取决于气味之

良劣"。姚月明先生认为，岩茶茶汤都带有一定程度的苦涩感，在品饮时要注意区别苦涩感在口腔出现的部位与停留时间，舌面略感苦涩属正常现象，能很快回甘，是岩茶滋味好的表现，舌根下面的苦不易消除，是真苦；舌两侧的涩感属轻微程度的涩，是茶汤正常的刺激感，能较快回甘；两颊的涩为中度涩，回甘较慢，齿根有麻感，停留时间长，不易回甘，是劣质茶的表现。岩茶的回甘有饮后很快生津的回甘，也有不易感觉的回甘，表现为品饮岩茶后喉咙开阔、唇齿清甘，喝白开水都有甜的感觉。

（三）凤凰单丛品饮

1.观外形

从色泽可判断出茶叶的花香和品种香。一般黄褐色多为花香较显，黑褐色多为品种香和韵香。

2.闻香气

香气要热闻、温闻和冷闻。凤凰单丛以浓郁花香著称，这是品种香和发酵香的综合结果。象八仙品种香似兰花，白叶品种香似蜂蜜，高档单丛茶要求花香浓郁清高。

3.看汤色

汤色以金黄明亮为好，火候轻的汤色浅黄，足火的汤色橙黄或橙红。

4.品滋味

单丛茶是乌龙茶类中收敛性最强、口感醇厚、回甘力强的茶品。"山韵""蜜韵"是单丛茶的风格特征。单丛春茶滋味醇厚、细嫩、鲜醇、回甘力强。秋冬茶滋味浓醇、鲜爽、回甘较短。

5.看叶底

单丛茶好的叶底软、亮、匀，绿叶红镶边，红点分布均匀。

乌龙茶紫砂壶
双杯冲泡演示

企业实践任务　乌龙茶紫砂壶双杯冲泡技法

以器具分，乌龙茶有盖碗泡、壶泡等方式。以地域分，有潮州工夫茶艺、福建工夫茶艺、台湾工夫茶艺。参照《GZB 4-03-02-07 茶艺师》国标和《茶艺职业技能竞赛技术规程》团体标准，本套茶艺选用紫砂小壶配双杯，适合颗粒形乌龙茶的冲泡，如安溪铁观音、台湾冻顶乌龙等。

一、操作准备

1. 茶具清单（可根据实际情况进行增减和调整）

双层茶盘（1个），奉茶盘（1个），提梁壶（1把），紫砂壶（1把），闻香杯（4个），品茗杯（4个），杯托（4个），茶荷（1个），茶叶罐（1个），茶道组（1套），茶巾（1块）。

2. 备具：摆放位置如图 11-1 所示（可根据实际情况进行调整）

3. 备茶：根据不同茶品确定投茶量

4. 备水：根据不同茶品确定泡茶水温

图 11-1　紫砂壶双杯冲泡乌龙茶备具

二、操作步骤

操作步骤为：入场—行鞠躬礼—布具—温壶—取茶、赏茶—温杯—置茶—冲泡—刮沫—淋壶—温杯—分茶—扣杯、翻杯—奉茶—品饮—收具—退场。

步骤 1：入场。双手端盘入场，茶盘高度以舒适为宜，行走至茶台，放下茶盘。

步骤 2：行鞠躬礼。双手收回成站姿，行鞠躬礼，入座。如图 11-2 所示。

步骤 3：布具。提梁壶置于茶桌右侧上方；杯托位于提梁壶下方；茶道组位于茶桌左侧上方；茶叶罐位于茶道组下方；茶荷位于茶桌下偏左方；茶巾位于茶桌下方中间；闻香杯翻转放置在茶盘左上方；品茗杯翻转分两排放置在茶盘右上方；紫砂壶放置在茶盘下方，定位中正，盖钮对准鼻尖。如图 11-3 所示。

图 11-2　行鞠躬礼

图 11-3　紫砂壶双杯冲泡乌龙茶布具

步骤 4：温壶。打开茶壶盖，将壶盖放在品茗杯上，将品茗杯作盖置用。提水壶注水至八分满，将提梁壶放回原位。盖上壶盖。如图 11-4 所示。

步骤 5：取茶、赏茶。左手取茶匙交至右手，将茶匙头放置在茶巾右上方。左手取茶叶罐至胸前旋开罐盖，将罐盖放至茶巾上，右手持茶匙取适量茶叶。将茶匙放回茶巾处，盖上罐盖，将茶叶罐放回原位。双手用捧取法取茶荷，从右向左赏茶。如图 11-5 所示。

图 11-4　温壶

图 11-5　赏茶

步骤 6：温杯。将温壶的水依次注入闻香杯二分之一处，温热闻香杯。剩余的水依次注入品茗杯，水量约为二分之一杯，温热品茗杯。如图 11-6 所示。

步骤 7：置茶。将壶盖放在品茗杯上，左手取茶漏放置壶口，双手托茶荷交至左手，右手取茶匙，将茶叶拨入壶中。置茶完毕，将茶荷、茶匙、茶漏放回原位。如图 11-7 所示。

图 11-6　温杯　　　　　　　　　　　图 11-7　置茶

步骤 8：冲泡。右手提水壶，左手拿起壶盖，将沸水沿壶口内低注一圈后，提高水壶，定点注入沸水，至水溢出壶面。如图 11-8 所示。

步骤 9：刮沫。用左手拇指、食指、中指捏住盖钮，沿壶口按"之"字形走向，轻轻旋刮，而后将盖上的茶沫冲掉。如图 11-9 所示。

图 11-8　冲泡　　　　　　　　　　　图 11-9　刮沫

步骤 10：淋壶。双手取两个闻香杯，将水淋于壶身，淋壶后放回原位，直至四个闻香杯淋壶完成。如图 11-10 所示。

步骤 11：温杯。用右手食指和拇指拿起右上角茶杯，杯口朝左，杯底朝右，将茶杯侧放于右下角的杯中，以中指顶托底沿，拇指向上沿逆时针方向做快速轻巧旋转拨动，每杯滚转一圈即可。再以拇指、食指轻捏杯沿，中指贴杯底，在茶盘上轻点一次，将杯中余水点尽归位。依次类推，呈 U 字形把四个品茗杯温完。如图 11-11 所示。

图 11-10　淋壶

图 11-11　温杯

步骤 12：分茶。右手持紫砂壶，从左侧的第一个闻香杯开始，各杯先注五分，再轮洒七八分。倾洒后归位。洒至壶内茶汤将尽时，分别向各杯点滴茶汤，使茶汤沥尽。如图 11-12 所示。

步骤 13：扣杯、翻杯。取奉茶盘放于茶桌左侧。左手取左侧第 1 个闻香杯，右手取左上角品茗杯，把品茗杯倒扣过来，盖在闻香杯上。再把扣合的杯子翻转过来，品茗杯在下，闻香杯在上，将品茗杯底轻沾茶巾，沾干杯底余水。左手扶杯，右手取杯托，将扣合的杯子放于杯托上，放于奉茶盘。依次扣杯翻杯。如图 11-13 所示。

图 11-12　分茶

图 11-13　翻杯

步骤 14：奉茶。依次将茶奉给宾客，奉茶后回茶艺冲泡台。如图 11-14 所示。

步骤 15：品饮。品饮时，先将闻香杯中的茶汤轻轻旋转倒入品茗杯中，使闻香杯内壁均匀留有茶香，再送至鼻端闻香。也可以转动闻香杯，使杯中香气得到最充分的挥发。然后用"三龙护鼎"或"胜券在握"手法端起品茗杯，分三口啜品。如图 11-15 所示。

图 11-14　奉茶

图 11-15　品饮

步骤 16：收具。依次收具，器具按原来拿取的路线放回茶盘。起身退至茶台侧后方，行鞠躬礼。如图 11-16 所示。

步骤 17：退场。端盘起身，转身退回。如图 11-17 所示。

图 11-16　收具

图 11-17　退场

如还需再饮，增加 1 个公道杯，参照步骤 8 至 15 反复冲泡品饮，茶艺师可根据品饮者品饮习惯不同调整茶汤浓度。

三、收尾

把用过的器具洗净、擦干，再将奉茶的闻香杯和品茗杯收回，清洗、沥干，放入相应的收纳柜，把场所收拾干净，布置如初。

茶文欣赏

和章岷从事斗茶歌
宋·范仲淹

年年春自东南来，建溪先暖冰微开。

溪边奇茗冠天下，武夷仙人从古栽。

新雷昨夜发何处，家家嬉笑穿云去。

露牙错落一番荣，缀玉含珠散嘉树。

终朝采掇未盈襜，唯求精粹不敢贪。

研膏焙乳有雅制，方中圭兮圆中蟾。

北苑将期献天子，林下雄豪先斗美。

鼎磨云外首山铜，瓶携江上中泠水。

黄金碾畔绿尘飞，紫玉瓯心雪涛起。

斗余味兮轻醍醐，斗余香兮薄兰芷。

其间品第胡能欺，十目视而十手指。

胜若登仙不可攀，输同降将无穷耻。

于嗟天产石上英，论功不愧阶前蓂。

众人之浊我可清，千日之醉我可醒。

屈原试与招魂魄，刘伶却得闻雷霆。

卢仝敢不歌，陆羽须作经。

森然万象中，焉知无茶星。

商山丈人休茹芝，首阳先生休采薇。

长安酒价减千万，成都药市无光辉。

不如仙山一啜好，泠然便欲乘风飞。

君莫羡花间女郎只斗草，赢得珠玑满斗归。

任务 12

红茶冲泡基本技艺

素质目标

1. 培养学生具备茶艺师职业素养。

2. 培养学生规范自我行为的意识和习惯。

3. 培养学生自我学习的习惯、爱好和能力。

4. 培养学生的团队协作意识。

知识目标

1. 掌握红茶的分类、品种、名称、基本特征等基础知识。

2. 掌握不同红茶投茶量和水量要求及注意事项。

3. 掌握不同红茶冲泡水温、浸泡时间要求及注意事项。

4. 了解红茶品饮基本知识。

能力目标

1. 能根据茶叶基本特征区分不同红茶。

2. 能根据不同红茶确定投茶量和水量比例。

3. 能根据不同红茶选择适宜的水温泡茶，并确定浸泡时间。

4. 能使用瓷盖碗冲泡红茶。

5. 能介绍红茶的品饮方法。

课堂任务 1　红茶的分类

红茶属全发酵茶，在茶叶制作过程中，采用萎凋、揉捻，然后经过发酵，叶色红变以后烘干而制成。最早的红茶是福建崇安的小种红茶。自星村小种红茶出现后，逐渐演变产生了工夫红茶。20 世纪 20 年代，印度将茶叶切碎加工而成红碎茶，我国于 20 世纪 50 年代也开始试制红碎茶。根据加工方法不同分为小种红茶、工夫红茶、红碎茶及特种红茶。

一、小种红茶

小种红茶是 18 世纪后期创制于福建崇安（今武夷山市）熏烟红茶。由于小种红茶的茶叶加工过程中采用松柴明火加温，进行萎凋和干燥，所以，制成的茶叶具有浓烈的松烟香。小种红茶根据产地、加工和品质的不同，分为正山小种和烟小种两种产品。产于武夷山市星村镇桐木村及武夷山自然保护区域内的茶树鲜叶，用当地传统工艺制作，独具似桂圆干香味及松烟香的红茶产品称为"正山小种"。产于武夷山自然保护区域外的茶树鲜叶，以工夫红茶的加工工艺制作，最后经松烟熏制而成，具松烟香味的红茶产品称为"烟小种"。

特级正山小种外形条索壮实紧结，色泽乌黑油润。冲泡后，香气醇正高长带松烟香，滋味醇厚回甘显高山韵，带桂圆汤味明显，汤色橙红明亮，叶底尚嫩较软有皱褶，呈古铜色。

特级烟小种条索近似正山小种，身骨紧细，色泽乌黑油润；冲泡后松烟香浓长，滋味醇和尚爽，汤色红艳明亮，叶底嫩匀红尚亮。

二、工夫红茶

工夫红茶是我国传统的独特茶品。因初制时特别注重条索的完整紧结，精制费工而得名。加工工艺有萎凋、揉捻、发酵、干燥及独特的精制工艺。品质要求外形条索细紧，色泽乌黑油润；香气馥郁；汤色、叶底红亮；滋味甜醇。

在我国有 12 个省份生产工夫红茶，主要品类有祁红、滇红、宁红、闽红、川红、宜红、越红、湖红、苏红等。

祁红工夫茶是我国传统工夫红茶的珍品，有百余年的生产历史。主产于安徽祁门县，与其毗邻的石台、东至、黟县及贵池等县也有少量生产。祁红工夫茶条索细秀而稍弯曲，有锋苗，色泽乌黑泛灰光，俗称"宝光"；冲泡后，汤色红艳明亮；香气浓郁高长，有蜜糖香，蕴含兰花香；滋味甜醇鲜爽，回味隽永；叶底匀嫩红亮、带红铜色。

滇红工夫茶属大叶种类型的工夫红茶，主产云南的临沧、保山等地，是我国工夫红茶的后起之秀，以外形肥硕紧实，金毫显露和香高味浓的品质著称于世。滇红工夫茶条索肥壮紧结，重实匀整，色泽乌润带红褐，茸毫特显；汤色红艳明亮，金圈突出；香气甜香浓郁；滋味浓厚鲜爽，富有刺激性；叶底红匀嫩亮。

滇红工夫的茶茸毫显露为其品质特点之一。其毫色可分为淡黄、菊黄、金黄等类。凤庆、云县、昌宁等地工夫红茶，毫色多呈菊黄，勐海、双江、临沧、普文等地工夫红茶，毫色多呈金黄。香气以滇西的云县、昌宁、凤庆所产为好，不但香气高长，而且带有花香。滇南茶区工夫红茶滋味浓厚，刺激性较强；滇西茶区工夫红茶滋味醇厚，刺激性稍弱，但回味鲜爽。

宁红工夫茶产区包括江西省九江市修水县、武宁县和宜春市铜鼓县，湖南省浏阳市、平江县和湖北省崇阳县、通城县等。其主产区在修水县，因修水古称宁州而得名，产量占宁红产区的 80% 以上。宁红工夫茶始于清代道光年间，是我国最早的工夫红茶之一。宁红工夫茶条索紧结、圆直、有毫，色乌略红；冲泡后，香气持久似祁红，汤色红亮，滋味甜醇，叶底红匀开展。

闽红工夫茶系政和工夫、坦洋工夫和白琳工夫的统称，均系福建特产。19世纪 50 年代，当时闽、广茶商在福鼎经营加工工夫红茶，广收白琳、翠效、磻溪、黄岗、湖林及浙江的平阳、泰顺等地的红条茶，集中白琳加工，白琳工夫茶由此而生。白琳工夫茶，条索紧结纤秀，含有大量橙黄白毫，具有鲜爽愉快的毫香，汤色、叶底艳丽红亮，取名为"橘红"，意为橘子般红艳的工夫红茶，风格独特，在国际市场上很受欢迎。坦洋工夫分布较广，主产福安、拓荣、寿宁、周宁、霞浦一带。相传，坦洋工夫为清代咸丰、同治年间福安县坦洋村人胡福四所创制。外形细长匀整，有白毫，色泽乌黑有光。冲泡后，香气清醇甜和，滋味鲜醇，汤色鲜艳呈金黄色，叶底红匀。政和工夫茶按品种分为大茶、小茶两种。大茶采用政和大白茶制成，是闽红三大工夫茶的上品，外形条索紧结，肥壮多毫，色泽乌润，内质汤色红浓，香气高而鲜甜，滋味浓厚，叶底肥壮尚红。小茶采用小叶种制成，条索细紧，香似祁红，但欠持久，汤稍浅，味醇和，叶底红匀。政和工夫茶以大茶为主体，扬其毫多味浓之优点，又适当拼以高香之小茶，因此，高级政和工夫体态特别匀称，毫心显露，香味俱佳。

三、红碎茶

红碎茶是国际茶叶市场的大宗茶品。它是在红茶加工过程中，以揉切代替揉捻，或揉捻后再揉切。揉切的目的是充分破坏叶组织，使干茶中的内含成分更易泡出，形成红碎茶滋味浓、强、鲜的品质风格，富有刺激性。各种红碎茶因叶形和茶树品种的不同，品质亦有较大的差异。

红碎茶产品根据茶树品种和产品要求的不同，分为大叶种红碎茶和中小叶种红碎茶。

大叶种红碎茶规格有碎茶1号、碎茶2号、碎茶3号、碎茶4号、碎茶5号、片茶、末茶。

大叶种碎茶1号品质特征：外形颗粒紧实，金毫显露、匀净、色润；汤色红艳明亮；香气嫩香强烈持久；滋味浓强鲜爽；叶底嫩匀红亮。

中小叶种红碎茶规格有碎茶1号、碎茶2号、碎茶3号、片茶和末茶。

中小叶种碎茶1号品质特征：颗粒紧实、重实、匀净、色润；汤色红亮；香高持久；滋味鲜爽浓厚；叶底嫩匀红亮。

四、特种红茶

特种红茶指采用特殊品种、特殊采摘标准、特殊工艺制得的特种红茶，如安徽祁门的红香螺、福建武夷山的金骏眉、广东英德的英德红茶、台湾南投的红玉、云南的滇红金针等。

红香螺品质特征：外形细嫩卷曲，金毫显露，色泽乌黑油润、匀整；汤色红艳明亮；香气高鲜嫩甜香；滋味甜醇鲜爽；叶底红亮匀齐，细嫩显芽。

金骏眉品质特征：外形紧秀重实，锋苗秀挺，略显金毫，色泽金黄黑相间；汤色金黄明亮；香气花、果、蜜、薯综合香型；滋味鲜醇爽滑；叶底单芽，肥壮饱满，鲜活，匀齐。

英德红茶品质特征：条索匀秀，金毫满披，色泽金黄油润；汤色红艳明亮；香气嫩浓芬芳；滋味鲜醇爽滑；叶底金芽，铜红明亮。

红玉品质特征：条索较紧结，色泽乌润有金毫；汤色红明亮；香气馥郁，显薄荷香；滋味甜醇爽口，细腻回甘；叶底红匀软亮。

课堂任务 2　红茶的冲泡要素

红茶饮用有清饮法和调饮法之分。清饮，追求的是茶的真本味，即在茶汤中不加任何调料，使茶发挥本身固有的香气和滋味。调饮，则在茶汤中加入调料，以佐汤味。当前的调饮泡法，比较常见的是在红茶茶汤中加入糖、牛奶、柠檬、咖啡、蜂蜜或香槟酒等。

一、投茶量

清饮法工夫红茶、小种红茶投茶量为 1：50~1：60；红碎茶投茶量为 1：70~1：80。不同调饮红茶茶水比不同，一般来说，调饮牛奶红茶，投茶量可掌握在红条茶为 1：60 左右，红碎茶为 1：70 左右。

二、冲泡水温

清饮法冲泡水温，细嫩中小叶种茶树鲜叶制成的红茶，泡茶水温要比大叶种茶树鲜叶制成的红茶低，可用 85℃~90℃ 的水温冲泡；大宗红茶，由于茶叶加工原料老嫩适中，可用 90℃~95℃ 的水温冲泡；粗老红茶、红碎茶宜用沸水冲泡。调饮法冲泡水温宜用沸水冲泡。

三、浸泡时间

清饮法冲泡，第一泡 45 秒左右出汤，第二泡 30 秒左右，第三泡 1 分 10 秒左右，以后各泡根据茶叶质量与舒展的程度增加浸泡时间，可使茶汤浓度前后相对一致。

调饮法冲泡，浸泡时间为 3~5 分钟，使茶汤一次性浸出。

四、红茶品饮

品饮红茶，观色是重要内容，因此品茗杯以白瓷或内壁呈白色的杯子为好。

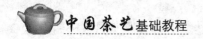

1. 观外形

观赏茶叶的条索、色泽、匀净度。外形条索肥嫩、紧细、壮实紧结为好，粗松、松飘弯曲为次。色泽乌黑油润为好，枯褐、枯红、花杂为次。

2. 看汤色

汤色橙黄亮丽、橙红明亮、红艳、红亮，有金圈为好。汤色浅、暗、浊为次。

3. 闻香气

正山小种以悠长的松烟香和鲜爽的桂圆香为好。特种红茶香气鲜甜为好。工夫红茶的香气鲜甜、细腻、高爽、持久为好。高档的红碎茶香气亦浓、强、鲜，且具有独特的果香、花香和类似茉莉花的甜香等。

4. 品滋味

滋味一般以甜醇、有厚度为佳。

5. 看叶底

以嫩而多芽、柔软、红匀亮为好。忌粗老、硬杂、乌暗、红暗带青褐、花杂。红碎茶着重红亮度，嫩度相当即可，以嫩软红艳明亮为好，粗硬花杂为次。

红茶瓷盖碗
冲泡演示

企业实践任务　红茶瓷盖碗冲泡技法

红茶可以用盖碗泡、杯泡、壶泡等方式，器具的材质以陶与瓷为主。本套茶艺选用瓷盖碗进行冲泡演示。

一、操作准备

1. 茶具清单（可根据实际情况进行增减和调整）

茶席（1块），托盘（1个），奉茶盘（1个），提梁壶（1把），水盂（1个），白瓷品茗杯（3个），杯托（3个），瓷盖碗（1个），滤网及滤网架（1套），公道杯（1个），茶巾（1块），茶荷（1个），茶叶罐（1个），茶道组（1套）。

2.备具：摆放位置如图 12-1 所示（可根据实际情况进行调整）

3.备茶：根据不同茶品确定投茶量

4.备水：根据不同茶品确定泡茶水温

图 12-1　瓷盖碗冲泡红茶备具

二、操作步骤

操作步骤为：入场—行鞠躬礼—布具—取茶、赏茶—温盖碗、温公道杯—置茶—冲泡—温品茗杯—出汤—分茶—奉茶—品饮—收具—退场。

步骤 1：入场。双手端盘入场，茶盘高度以舒适为宜，行走至茶台，放下茶盘。

步骤 2：行鞠躬礼。双手收回成站姿，行鞠躬礼，入座。如图 12-2 所示。

步骤 3：布具。展开茶席布于胸前；提梁壶放在茶桌右侧上方；水盂放在提梁壶下方；品茗杯放于杯托上，呈斜一字形放于茶席左方；滤网及滤网架放于茶席右上方；公道杯放于盖碗左上方；盖碗放于茶席下方，公道杯及滤网中间；茶道组放在茶桌左侧上方；茶叶罐放在茶道组后方；茶荷放于茶叶罐后方；茶巾放于盖碗下方；依次翻杯。如图 12-3 所示。

图 12-2　行鞠躬礼

图 12-3　瓷盖碗冲泡红茶布具

步骤 4：取茶、赏茶。取茶荷放于茶席左下方；取茶匙放于茶巾上，取茶叶罐，开盖，拨取所需用量茶叶。将茶匙放至茶巾上，盖上茶叶罐，放回原位。给宾客欣赏干茶外形。茶荷放回原位。如图 12-4 所示。

步骤 5：温盖碗、温公道杯。左手开盖斜搭于碗托，右手提壶注水至三分之一，将壶放回原位，盖上碗盖。依次温热公道杯、品茗杯。如图 12-5 所示。

图 12-4　取茶

图 12-5　温盖碗

步骤 6：置茶。用茶匙将置于茶荷中的红茶轻轻拨至碗内。茶匙放回茶道组，茶荷放回原位。如图 12-6 所示。

步骤 7：冲泡。左手持盖，右手持水壶注水，注水量到碗内九分满左右。提梁壶归原位。如图 12-7 所示。

图 12-6　置茶

图 12-7　冲泡

步骤 8：温品茗杯。将品茗杯中的水倒入水盂。如图 12-8 所示。

步骤 9：出汤。将泡好的茶汤注入公道杯。如图 12-9 所示。

图 12-8　温品茗杯

图 12-9　出汤

步骤 10：分茶。将公道杯中的茶汤依次分入品茗杯，倒茶七分满，留下三分是情谊。如图 12-10 所示。

步骤 11：奉茶。取奉茶盘，依次将茶奉给宾客。奉茶后回茶台。如图 12-11 所示。

步骤 12：品饮。清饮红茶的品饮，重在领略它的香气和滋味。端杯开饮前先闻其香，再观其色，然后才是尝味。圆熟清高的香气，红艳油润的汤色，浓强鲜爽的滋味，让人有美不胜收之感。如图 12-12 所示。

步骤 13：收具。依次收具，器具按原来拿取的路线放回茶盘。起身退至茶台侧后方，行鞠躬礼。如图 12-13 所示。

图 12-10　分茶

图 12-11　奉茶

图 12-12　品饮

图 12-13　收具

步骤 14：退场。端盘起身，转身退回。如图 12-14 所示。

图 12-14　退场

退场后如有需要继续品饮，可重复步骤 7~12。

三、收尾

把用过的器具洗净、擦干，再将奉茶的品茗杯收回，清洗、沥干，放入相应的收纳柜，把场所收拾干净，布置如初。

次韵曹辅寄壑源试焙新茶
宋·苏东坡

仙山灵雨湿行云，洗遍香肌粉未匀。
明月来投玉川子，清风吹破武林春。
要知玉雪心肠好，不是膏油首面新。
戏作小诗君勿笑，从来佳茗似佳人。

图书在版编目（ＣＩＰ）数据

中国茶艺基础教程 / 李捷主编. -- 3版. -- 北京：
旅游教育出版社，2021.11
ISBN 978-7-5637-4332-2

Ⅰ．①中… Ⅱ．①李… Ⅲ．①茶文化－中国－高等职
业教育－教材 Ⅳ．①TS971.21

中国版本图书馆CIP数据核字(2021)第249804号

中国茶艺基础教程
（第3版）
李 捷 主编
胡夏青 高 莉 副主编

策 划	何 玲
责任编辑	何 玲
出版单位	旅游教育出版社
地 址	北京市朝阳区定福庄南里 1 号
邮 编	100024
发行电话	（010）65778403 65728372 65767462（传真）
本社网址	www.tepcb.com
E - mail	tepfx@163.com
排版单位	北京旅教文化传播有限公司
印刷单位	北京泰锐印刷有限责任公司
经销单位	新华书店
开 本	710毫米×1000毫米 1/16
印 张	17.5
字 数	245 千字
版 次	2021 年 11 月第 3 版
印 次	2021 年 11 月第 1 次印刷
定 价	49.00 元

（图书如有装订差错请与发行部联系）